高校物理の解き方を
ひとつひとつわかりやすく。

［改訂版］

Gakken

もくじ

この本の使い方

本書では，高校物理の内容を，学習順に並べてあります。

単元名 ————

項目名 ————

1 問題

物理を学習する上でかかすこ
とのできない，重要問題ばかり
です。

2 解くための材料

問題を解くのに用いる，物理の
考え方や公式です。
重要な考え方や公式はひと目で
わかるようにしてあります。

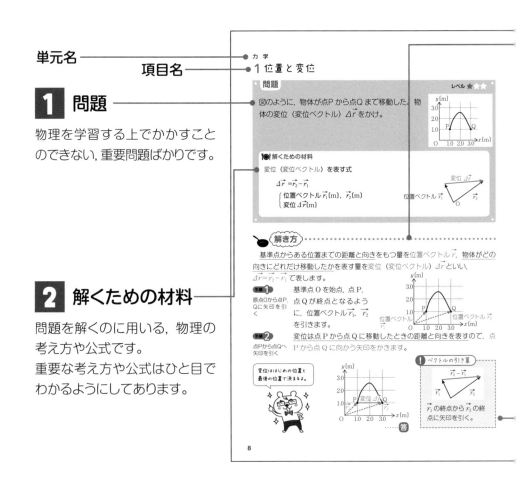

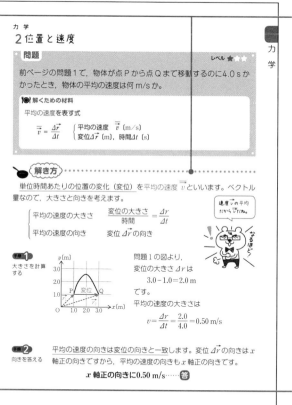

力 学

2 位置と速度

問題

レベル ★☆☆

前ページの問題１で，物体が点Ｐから点Ｑまで移動するのに4.0 sかかったとき，物体の平均の速度は何 m/s か。

🔍 解くための材料

平均の速度を表す式

$$\vec{v} = \frac{\Delta \vec{r}}{\Delta t} \quad \begin{cases} \text{平均の速度} \quad \vec{v} \text{ (m/s)} \\ \text{変位} \Delta \vec{r} \text{ (m)，時間} \Delta t \text{ (s)} \end{cases}$$

解き方

単位時間あたりの位置の変化（変位）を平均の速度 $\vec{v}$ といいます。ベクトル量なので，大きさと向きを考えます。

$$\begin{cases} \text{平均の速度の大きさ} \quad \dfrac{\text{変位の大きさ}}{\text{時間}} = \dfrac{\Delta r}{\Delta t} \\ \text{平均の速度の向き} \quad \text{変位} \Delta \vec{r} \text{の向き} \end{cases}$$

速度 $\vec{v}$ の平均
だから $\vec{v}$ ですね。

手順1
大きさを計算する

問題１の図より，
変位の大きさ Δr は

$$3.0 - 1.0 = 2.0 \text{ m}$$

です。
平均の速度の大きさは

$$v = \frac{\Delta r}{\Delta t} = \frac{2.0}{4.0} = 0.50 \text{ m/s}$$

手順2
向きを答える

平均の速度の向きは変位の向きと一致します。変位 $\Delta \vec{r}$ の向きは x 軸正の向きですから，平均の速度の向きも x 軸正の向きです。

x 軸正の向きに0.50 m/s……答

3 解き方

問題の解き方をステップをふんでわかりやすく説明しています。図や矢印，赤字でていねいに解説しているのでスイスイ理解できます。

4 ❗マーク

押さえておいた方がよい公式や用語を，まとめてあります。
しっかり覚えておきましょう。

はじめに

『高校 物理の解き方をひとつひとつわかりやすく。』を手にとってくださり，ありがとうございます。本書は「物理基礎があまり得意ではなかったので，物理についていけるか心配」，「受験科目で物理が必要だけど，定期試験でもなかなか点数が上がらず不安」と思っている人にとって，役立つようにつくりました。

「物理基礎から物理になって，急に難しくなり困っている……」
「学校の問題集は，答えを見ても解説が難しくて理解できない……」

　物理が苦手だと思っている人は，このように感じているのではないでしょうか。授業の進度も速くなり，ついていくだけで精一杯だと思います。

　ですが，安心してください。本書では，物理で必ず押さえておくべき問題とその解き方を，図やイラストをたくさん使って，やさしい言葉でわかりやすく解説しています。
　そのため，本書を辞典のようにいつも手元に置いておけば，授業の予習・復習はもちろん，定期試験や受験に向けた勉強のときに生じる疑問をすぐに解決することができるでしょう。
　また，基本となる問題の解き方を理解しておくことで，「問題の目のつけどころ」がわかるだけでなく，同じような問題を解くことができるようになるので，定期試験や受験での点数アップにつながります。

　基本がしっかりしていれば，どんな問題もこわくありません。物理への理解を深めようとする読者のみなさんのことを，心から応援しています。

長谷川 大和

徳永 恵里子

武捨 賢太郎

カ 学

力学

1 位置と変位

問題

図のように，物体が点Pから点Qまで移動した。物体の変位（変位ベクトル）$\Delta \vec{r}$ をかけ。

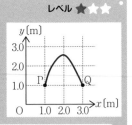

🍴 解くための材料

変位（変位ベクトル）を表す式

$\Delta \vec{r} = \vec{r_2} - \vec{r_1}$

- 位置ベクトル $\vec{r_1}$〔m〕, $\vec{r_2}$〔m〕
- 変位 $\Delta \vec{r}$〔m〕

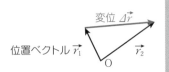

解き方

基準点からある位置までの距離と向きをもつ量を位置ベクトル $\vec{r}$，物体がどの向きにどれだけ移動したかを表す量を変位（変位ベクトル）$\Delta \vec{r}$ といい，$\Delta \vec{r} = \vec{r_2} - \vec{r_1}$ で表します。

手順1
原点Oから点P, Qに矢印を引く

基準点 O を始点，点 P，点 Q が終点となるように，位置ベクトル $\vec{r_1}$，$\vec{r_2}$ を引きます。

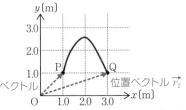

手順2
点PからQへ矢印を引く

変位は点 P から点 Q に移動したときの距離と向きを表すので，点 P から点 Q に向かう矢印をかきます。

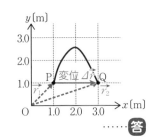

変位ははじめの位置と最後の位置で決まるよ。

……答

❗ ベクトルの引き算

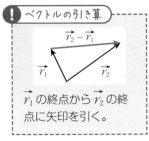

$\vec{r_1}$ の終点から $\vec{r_2}$ の終点に矢印を引く。

2 位置と速度

問題

レベル ★★★

前ページの問題1で，物体が点Pから点Qまで移動するのに4.0sかかったとき，物体の平均の速度は何m/sか。

🍽️ 解くための材料

平均の速度を表す式

$$\vec{v} = \frac{\Delta \vec{r}}{\Delta t} \quad \begin{cases} \text{平均の速度} \quad \vec{v} \text{ (m/s)} \\ \text{変位} \Delta \vec{r} \text{ (m)，時間} \Delta t \text{ (s)} \end{cases}$$

解き方

単位時間あたりの位置の変化（変位）を平均の速度 $\vec{v}$ といいます。ベクトル量なので，大きさと向きを考えます。

$$\begin{cases} \text{平均の速度の大きさ} \quad \dfrac{\text{変位の大きさ}}{\text{時間}} = \dfrac{\Delta r}{\Delta t} \\ \text{平均の速度の向き} \quad \text{変位 } \Delta \vec{r} \text{ の向き} \end{cases}$$

速度 v の平均だから $\vec{v}$ だね。

手順1
大きさを計算する

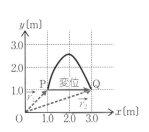

問題1の図より，
変位の大きさ Δr は

$$3.0 - 1.0 = 2.0 \text{ m}$$

です。
平均の速度の大きさは

$$v = \frac{\Delta r}{\Delta t} = \frac{2.0}{4.0} = 0.50 \text{ m/s}$$

手順2
向きを答える

平均の速度の向きは変位の向きと一致します。変位 $\Delta \vec{r}$ の向きは x 軸正の向きですから，平均の速度の向きも x 軸正の向きです。

x 軸正の向きに0.50 m/s ……答

力 学

3 速度の合成

問題

レベル ★★★

静水で4.0 m/sの速さで進むことのできる船がある。流速3.0 m/sの川に，船首を川岸に垂直な方向に向けて進めた場合，岸の上から見た船の速さは何 m/s か。

🍳 解くための材料

平面上の速度の合成

$$\vec{v} = \vec{v_A} + \vec{v_B}$$

$\begin{cases} 2つの物体の速度\ \vec{v_A}\,[m/s],\ \vec{v_B}\,[m/s] \\ 合成速度\ \vec{v}\,[m/s] \end{cases}$

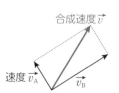

🍳 解き方

$\vec{v_A}\,[m/s]$の速度で運動する物体 A の上を，他の物体 B が$\vec{v_B}\,[m/s]$の速度で運動する場合のBの速度は，各物体の速度の和$\vec{v_A} + \vec{v_B}$で表されます。この速度を合成速度といい，合成速度を求めることを速度の合成といいます。平面上の運動の場合は平行四辺形の法則で作図から求めます。

平行四辺形の法則で合成速度を作図する

船の速度のベクトル$\vec{v_A}$と川の流れの速度のベクトル$\vec{v_B}$を，始点をそろえてかき，平行四辺形の法則で合成速度を作図します。

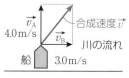

合成速度の大きさを計算する

船の速度と川の流れの速度は直交しているので，三平方の定理$v^2 = v_A{}^2 + v_B{}^2$を変形して，

$$v = \sqrt{v_A{}^2 + v_B{}^2}$$
$$= \sqrt{4.0^2 + 3.0^2} = \sqrt{5.0^2}$$
$$= 5.0\ m/s$$

5.0 m/s …… 答

! ベクトルの足し算

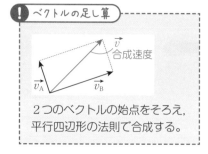

2つのベクトルの始点をそろえ，平行四辺形の法則で合成する。

4 速度の分解

問題

レベル ★★★

前ページの問題3で，川幅が 20 m のとき，船が対岸に着くまでの時間は何 s か。また，船が対岸に着いた地点は，船が動きはじめた地点から何 m 下流か。

解くための材料

平面上の速度の分解

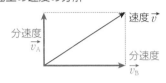

もとの速度 $\vec{v}$ [m/s]
分速度 $\vec{v_A}$ [m/s]，$\vec{v_B}$ [m/s]

解き方

1つの速度を2つの速度に分解することを速度の分解といい，分解した速度のことを分速度といいます。問題3の結果の「岸から見た船の速さ 5.0 m/s」がこの問題のもとの速さとなり，船の速さ 4.0 m/s と川の流れの速さ 3.0 m/s を分速度と考えます。

川を渡るのにかかった時間 t [s]は，川幅を y [m]とすると，

$$t = \frac{y}{v_A} = \frac{20}{4.0} = 5.0 \text{ s}$$

川岸に到着するまでの 5.0 s 間に，船は川の流れの速さ 3.0 m/s で川下に流されます。その距離 x [m]は，

$$x = v_B t = 3.0 \times 5.0 = 15 \text{ m}$$

船が対岸に着くまでの時間 5.0 s
下流に流される距離 15 m ……答

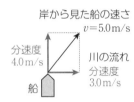

岸から見た船の速さ
$v = 5.0$ m/s

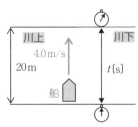

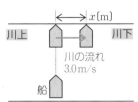

力 学

5 速度の成分

問題

レベル ★★★

速さ 100 m/s で水平から 30°上向きに飛行機が上昇している。この飛行機の速度の水平方向の成分 v_x と鉛直方向の成分 v_y は何 m/s か。ただし，$\sqrt{3}=1.7$ とする。

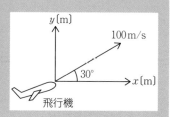

飛行機

解くための材料

速度の成分表示

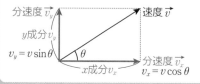

$v_y = v\sin\theta$

$v_x = v\cos\theta$

速度 $\vec{v}$ [m/s]
分速度 $\vec{v_x}$ [m/s], $\vec{v_y}$ [m/s]
速度の成分 v_x [m/s], v_y [m/s]

解き方

分速度 $\vec{v_x}$, $\vec{v_y}$ の大きさに，向きを正負の符号で表した値 v_x, v_y を，速度 $\vec{v}$ の x 成分，y 成分といいます。

分速度は **P11**

速度 $\vec{v}$ の x 成分 v_x は，

$v_x = v\cos\theta$

$= 100 \times \cos 30° = 100 \times \dfrac{\sqrt{3}}{2} = 100 \times \dfrac{1.7}{2}$

$= 100 \times 0.85 = 85$ m/s

$\boldsymbol{v_x = 85}$ m/s ……**答**

速度 $\vec{v}$ の y 成分 v_y は，

$v_y = v\sin\theta = 100 \times \sin 30°$

$= 100 \times \dfrac{1}{2} = 50$ m/s

$\boldsymbol{v_y = 50}$ m/s ……**答**

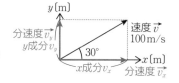

x軸上とy軸上での
直線運動の速度を
表しているね。

! 三角比

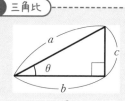

• $\sin\theta = \dfrac{c}{a}$ を変形して，
$c = a\sin\theta$

• $\cos\theta = \dfrac{b}{a}$ を変形して，
$b = a\cos\theta$

6 平面運動の相対速度①

問題 レベル ★★★

直交する道路を，車Aは北向きに20 m/sの速さで進み，車Bは東向きに20 m/sで進んでいる。車Aに対する車Bの相対速度は何m/sか。ただし，$\sqrt{2}=1.4$ とする。

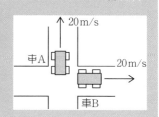

🍽 解くための材料

平面運動の相対速度

$$\vec{V} = \vec{v_B} - \vec{v_A}$$
$\begin{cases} \text{A，Bの速度 } \vec{v_A}\text{[m/s]，} \vec{v_B}\text{[m/s]} \\ \text{A に対する B の相対速度 } \vec{V}\text{[m/s]} \end{cases}$

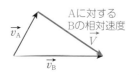

🍳 **解き方** ･･････････････････････

物体Aから見た物体Bの速度のことをAに対するBの相対速度といいます。相対速度の式 $\vec{V}=\vec{v_B}-\vec{v_A}$ は，

　Aに対するBの相対速度 ＝B（見られる側）の速度 − A（見る側）の速度

という意味です。

手順❶
作図で相対速度の矢印を引く

車Aと車Bの速度のベクトル $\vec{v_A}$，$\vec{v_B}$ を，始点をそろえてかき，$\vec{v_A}$ の終点から $\vec{v_B}$ の終点に向けて矢印をかきます。これがAに対するBの相対速度 $\vec{V}$ です。

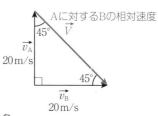

手順❷
矢印の大きさを計算する

$\vec{v_A}$ と $\vec{v_B}$ は直交しているので，直角三角形の辺の比の関係 $1:1:\sqrt{2}$ を用いて，

$$20 : V = 1 : \sqrt{2}$$
$$V = 20 \times \sqrt{2} = 20 \times 1.4 = 28 \text{ m/s}$$

南東の向きに28 m/s……答

Aに対するBの相対速度は，AからBを見る矢印を引けばいいよ。

7 平面運動の相対速度②

問題

電車が停止していたとき鉛直に降っていた雨が，水平方向に 5.0 m/s の速さで走っている電車の中の人には鉛直方向と 30° の角をなして降っているように見えた。地面に対する雨滴の落下する速さを求めよ。ただし，$\sqrt{3}=1.7$ とする。

解くための材料

平面運動の相対速度

$$\vec{V} = \vec{v_B} - \vec{v_A}$$

$\begin{cases} \text{A，B の速度 } \vec{v_A}\,(\text{m/s}),\ \vec{v_B}\,(\text{m/s}) \\ \text{A に対する B の相対速度 } \vec{V}\,(\text{m/s}) \end{cases}$

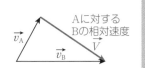

Aに対する
Bの相対速度

解き方

相対速度の式 $\vec{V}=\vec{v_B}-\vec{v_A}$ は，この問題では，

  電車に対する雨滴の相対速度 ＝ 雨滴の速度 − 電車の速度

となり，求めるのは雨滴の速度です。

 手順1 ベクトルの関係を作図する

$\begin{cases} \text{電車に対する雨滴の相対速度…鉛直と 30° の向き} \\ \text{雨滴の速度…鉛直下向き} \quad \downarrow \end{cases}$

から，3 つの速度のベクトルの関係を作図します。

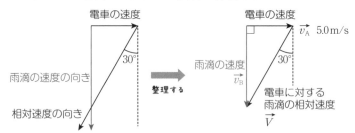

 手順2 矢印の大きさを計算する

$\vec{v_A}$ と $\vec{v_B}$ は直交しているので，直角三角形の辺の比 $1:2:\sqrt{3}$ より，

$$5.0 : v_B = 1 : \sqrt{3}$$
$$v_B = 5.0 \times \sqrt{3} = 5.0 \times 1.7 = 8.5 \text{ m/s}$$

8.5 m/s…… 答

8 速度と加速度

問題

レベル ★★★

北向きに 10 m/s の速さで進んでいた船が，20 秒後に東向きに 10 m/s の速さになった。この船の平均の加速度は何 m/s^2 か。ただし，$\sqrt{2}=1.4$ とする。

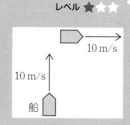

10 m/s

10 m/s

船

🍴 解くための材料

平面運動の平均の加速度

速度の変化

$$\vec{a} = \frac{\Delta \vec{v}}{\Delta t} = \frac{\vec{v_2} - \vec{v_1}}{\Delta t}$$

$\vec{v_1}$ $\Delta \vec{v}$ $\vec{v_2}$

平均の加速度 $\vec{a}$〔m/s^2〕，速度の変化 $\Delta \vec{v}$〔m/s〕，はじめの速度 $\vec{v_1}$〔m/s〕
あとの速度 $\vec{v_2}$〔m/s〕，かかった時間 Δt〔s〕

🍳 解き方

単位時間あたりの速度の変化のことを平均の加速度といい，向きは速度の変化の向きと同じになります。平面運動の場合は作図して求めます。

手順 1
速度の変化を作図から求める

船のはじめの速度のベクトル $\vec{v_1}$ とあとの速度のベクトル $\vec{v_2}$ を，始点をそろえてかき，$\vec{v_1}$ の終点から $\vec{v_2}$ の終点に向けた矢印をかきます。これが速度の変化 $\Delta \vec{v}$ です。

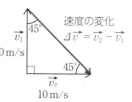

速度の変化
$\Delta \vec{v} = \vec{v_2} - \vec{v_1}$

$\vec{v_1}$ 45°

10 m/s

45°

$\vec{v_2}$

10 m/s

$\vec{v_1}$ と $\vec{v_2}$ は直交しているので，直角三角形の辺の比の関係 $1:1:\sqrt{2}$ を用いて，速度の変化の大きさ Δv を計算します。

$$10 : \Delta v = 1 : \sqrt{2}$$

$$\Delta v = 10\sqrt{2} = 10 \times 1.4 = 14 \text{ m/s} \quad \text{向きは南東です}$$

加速度の単位は〔m/s^2〕だったね。

手順 2
平均の加速度を計算する

平均の加速度の大きさを計算します。

$$\bar{a} = \frac{\Delta v}{\Delta t} = \frac{14}{20} = 0.70 \text{ m/s}^2$$

南東の向きに 0.70 m/s^2······**答** 向きと大きさを答えます

9 水平投射運動の速度

問題

崖の上から初速度 20 m/s で小球を水平方向に投げた。2.0 秒後の小球の水平方向の速さは何 m/s か。また，鉛直方向の速さは何 m/s か。ただし，重力加速度の大きさを 9.8 m/s^2 とする。

> **🍴 解くための材料**
>
> 水平投射運動の速度は次式で表される。
>
> | 水平方向（x 方向） | $v_x = v_0$ |
> | 鉛直方向（y 方向） | $v_y = gt$ |
>
> 初速度 v_0〔m/s〕
> 重力加速度の大きさ g〔m/s^2〕
> 時間 t〔s〕, 速度の成分 v_x〔m/s〕, v_y〔m/s〕

解き方

水平方向に初速度 v_0 で投げ出す運動を水平投射運動といいます。水平投射運動は，

$\begin{cases} 水平方向（x 方向）…等速直線運動 \\ 鉛直方向（y 方向）…自由落下運動 \end{cases}$

に，運動を分解して考えます。

水平方向は等速直線運動です。水平方向の速さ v_x〔m/s〕は初速度 v_0〔m/s〕と同じになります。

$v_x = v_0 = 20$ m/s

鉛直方向は自由落下運動なので，自由落下運動の速度の式に

$\begin{cases} 重力加速度の大きさ g = 9.8 \text{ m/s}^2 \\ 時間 t = 2.0 \text{ s} \end{cases}$

を代入します。鉛直方向の速さ v_y〔m/s〕は

$v_y = gt = 9.8 \times 2.0 = \overset{20}{19.6}$ m/s

小数第 1 位を四捨五入して有効数字 2 桁で答えます。

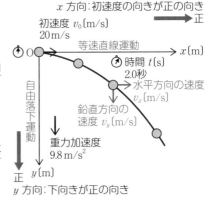

x 方向：初速度の向きが正の向き

初速度 v_0〔m/s〕
20 m/s

等速直線運動

x〔m〕

時間 t〔s〕
2.0 秒

水平方向の速度
v_x〔m/s〕

鉛直方向の速度 v_y〔m/s〕

自由落下運動

重力加速度
9.8 m/s^2

y〔m〕

y 方向：下向きが正の向き

水平方向の速さ 20 m/s，鉛直方向の速さ 20 m/s……答

10 水平投射運動の変位

問題

レベル ★★★

前ページの問題9で，2.0秒間の小球の水平方向の変位は何mか。また，鉛直方向の変位は何mか。ただし，運動する向きを正の向きとする。

🍴 解くための材料

水平投射運動の変位は次式で表される。

水平方向（x方向） $\quad x = v_0 t$

鉛直方向（y方向） $\quad y = \dfrac{1}{2}gt^2$

初速度 v_0〔m/s〕
重力加速度の大きさ g〔m/s^2〕
時間 t〔s〕，変位 x〔m〕，y〔m〕

🍳 解き方

水平方向は等速直線運動です。水平方向の変位 x〔m〕は等速直線運動の変位の式に

$$\begin{cases} 初速度\ v_0 = 20\ \text{m/s} \\ 時間\ t = 2.0\ \text{s} \end{cases}$$

を代入して求めます。

$$x = v_0\,t = 20 \times 2.0 = 40\ \text{m}$$

鉛直方向は自由落下運動なので，自由落下運動の変位の式に

$$\begin{cases} 重力加速度の大きさ\ g = 9.8\ \text{m/s}^2 \\ 時間\ t = 2.0\ \text{s} \end{cases}$$

を代入します。鉛直方向の変位 y〔m〕は

$$y = \frac{1}{2}gt^2 = \frac{1}{2} \times 9.8 \times 2.0^2 = \overset{20}{19.6}\ \text{m}$$

x方向：初速度の向きが正の向き
初速度 v_0〔m/s〕
20m/s
等速直線運動
O
x〔m〕
時間 t〔s〕
2.0秒
水平方向の変位 x〔m〕
自由落下運動
鉛直方向の変位 y〔m〕
重力加速度
9.8 m/s^2
正
y〔m〕
y方向：下向きが正の向き

小数第1位を四捨五入して有効数字2桁にして，変位の向きもつけて答えましょう。

$$\begin{cases} 水平方向の変位 +40\ \text{m} \quad または \quad \textbf{初速度の向きに 40 m} \\ 鉛直方向の変位 +20\ \text{m} \quad または \quad \textbf{下向きに 20 m} \end{cases}$$ ……答

問題9と合わせて
解いておこう！

11 水平投射運動（地面に着く直前の速さ）

問題　レベル ★★☆

高さ 4.9 m の崖(がけ)の上から，9.8 m/s の速さで水平に小球を投げた。小球が地面に着く直前の速さは何 m/s か。ただし，重力加速度の大きさを 9.8 m/s^2，$\sqrt{2}=1.4$ とする。

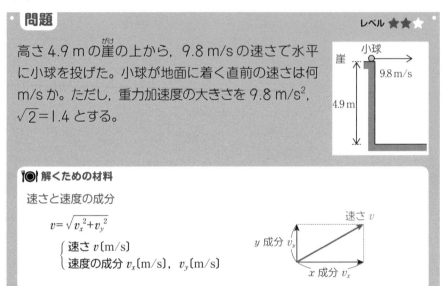

解くための材料

速さと速度の成分

$$v=\sqrt{v_x{}^2+v_y{}^2}$$

$\begin{cases} \text{速さ } v\,[\text{m/s}] \\ \text{速度の成分 } v_x\,[\text{m/s}],\ v_y\,[\text{m/s}] \end{cases}$

解き方

まず，何秒間で 4.9 m 落下するかを計算します。自由落下運動の式に代入して，

$$y=\frac{1}{2}gt^2 \text{ より，} 4.9=\frac{1}{2}\times 9.8\times t^2 \qquad t^2=1.0$$

$t>0$ であることから，$t=1.0\ \text{s}$

次に，地面に着く直前の鉛直方向の速度の成分を求めます。

$$v_y=gt=9.8\times 1.0=9.8\ \text{m/s}$$

自由落下運動

・速度　$v=gt$

・変位　$y=\dfrac{1}{2}gt^2$

水平投射運動は水平方向に等速直線運動なので，水平方向の速度の成分は投げ出すときの初速度と同じ大きさになり，$v_x=v_0=9.8\ \text{m/s}$

速度の水平方向の成分 v_x と鉛直方向の成分 v_y を用いて，速さ v を作図して大きさを求めます。

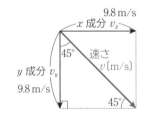

$$v=\sqrt{v_x{}^2+v_y{}^2}=\sqrt{9.8^2+9.8^2}=\sqrt{2\times 9.8^2}=9.8\times\sqrt{2}=9.8\times 1.4=13.72\ \text{m/s}$$

14 m/s ……**答**

力 学

12 斜方投射運動の初速度の分解

力

学

問題

レベル ★★★

水平方向から $30°$ の方向に，初速度 20 m/s で小球を投げ上げた。初速度の x 方向の成分 v_{0x} と y 方向の成分 v_{0y} は何 m/s か。ただし，$\sqrt{3}=1.7$ とする。

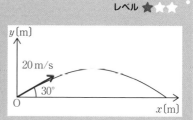

🍽 解くための材料

初速度の分解

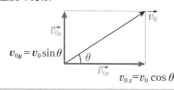

$\boldsymbol{v}_{0y} = \boldsymbol{v}_0 \sin\theta$

$v_{0x} = v_0 \cos\theta$

$\begin{cases} 初速度\ v_0 [\text{m/s}] \\ 初速度の\ x\ 方向の成分\ v_{0x} [\text{m/s}] \\ 初速度の\ y\ 方向の成分\ v_{0y} [\text{m/s}] \end{cases}$

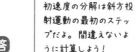**解き方**

初速度 v_0 で物体を斜めに投げ上げる運動を斜方投射運動といい，

$\begin{cases} 水平方向（x\ 方向）…等速直線運動 \\ 鉛直方向（y\ 方向）…鉛直投げ上げ運動 \end{cases}$

に運動を分解して考えます。斜めに初速度 v_0 で小球を投げ上げているので，初速度 v_0 を水平方向と鉛直方向に分解します。分解のしかたは，速度を分解して成分を求めるときと同じです。

速度の成分は **P12**

初速度の x 方向の成分 v_{0x} は，

$$v_{0x} = v_0\cos\theta = 20 \times \cos30°$$
$$= 20 \times \frac{\sqrt{3}}{2} = 20 \times \frac{1.7}{2} = 17\ \text{m/s}$$

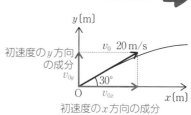

初速度の y 方向の成分 v_{0y} は，

$$v_{0y} = v_0\sin\theta = 20 \times \sin30°$$
$$= 20 \times \frac{1}{2} = 10\ \text{m/s}$$

$\boldsymbol{v_{0x} = 17}$ **m/s，** $\boldsymbol{v_{0y} = 10}$ **m/s** ……**答**

初速度の分解は斜方投射運動の最初のステップだよ。間違えないように計算しよう！

13 斜方投射運動の速度

問題

水平方向から $30°$ の方向に，初速度 $40\,\mathrm{m/s}$ で小球を投げ上げた。1.0 秒後の x 方向の速さ v_x と y 方向の速さ v_y は何 $\mathrm{m/s}$ か。重力加速度の大きさを $9.8\,\mathrm{m/s^2}$，$\sqrt{3}=1.7$ とする。

 解くための材料

斜方投射運動の速度

| x 方向（水平方向） | $v_x = v_0 \cos\theta$ |

| y 方向（鉛直方向） | $v_y = v_0 \sin\theta - gt$ |

初速度 v_0 〔m/s〕，時間 t 〔s〕
重力加速度の大きさ g 〔m/s²〕
x 方向の速度の成分 v_x 〔m/s〕
y 方向の速度の成分 v_y 〔m/s〕

解き方

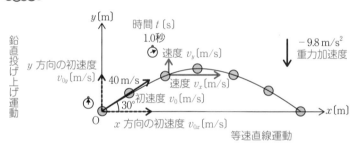

x 方向（水平方向）は等速直線運動です。x 方向の速度 v_x は，初速度の x 方向の速度 v_{0x} と同じになります。

$$v_x = v_{0x} = v_0 \cos\theta = 40 \times \cos 30° = 40 \times \frac{\sqrt{3}}{2} = 40 \times \frac{1.7}{2} = 34\,\mathrm{m/s}$$

y 方向（鉛直方向）は鉛直投げ上げ運動です。鉛直投げ上げ運動の初速度に相当するのは，斜方投射運動の y 方向の初速度 v_{0y} です。

初速度の分解は P19

$$v_y = v_{0y} - gt = v_0 \sin\theta - gt = 40 \times \sin 30° - 9.8 \times 1.0$$

$$= 40 \times \frac{1}{2} - 9.8 \times 1.0 = 10.2\,\mathrm{m/s}$$

$$v_x = 34\,\mathrm{m/s},\ \ v_y = 10\,\mathrm{m/s} \cdots\cdots 答$$

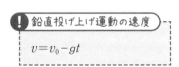

鉛直投げ上げ運動の速度

$$v = v_0 - gt$$

14 斜方投射運動の変位

問題

前ページの問題13で，1.0秒間のx方向の変位xとy方向の変位yは何mか。

🍽 解くための材料

斜方投射運動の変位

| x方向（水平方向） | $x=v_0\cos\theta\cdot t$ |

| y方向（鉛直方向） | $y=v_0\sin\theta\cdot t-\dfrac{1}{2}gt^2$ |

$\begin{cases} \text{初速度 } v_0\,(\text{m/s}),\ \text{時間 } t\,(\text{s}) \\ \text{重力加速度の大きさ } g\,(\text{m/s}^2) \\ x\text{ 方向の変位 } x\,(\text{m}) \\ y\text{ 方向の変位 } y\,(\text{m}) \end{cases}$

解き方

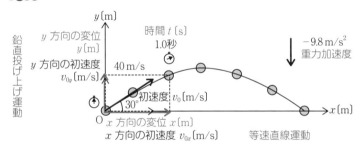

鉛直投げ上げ運動

y方向の変位 y(m)
y方向の初速度 v_{0y}(m/s)
時間 t(s) 1.0秒
$-9.8\,\text{m/s}^2$ 重力加速度
40 m/s
初速度 v_0(m/s)
30°
O x方向の変位 x(m)
x方向の初速度 v_{0x}(m/s)
等速直線運動

x方向（水平方向）は等速直線運動です。等速直線運動の変位の式に，x方向の初速度v_{0x}を代入して計算します。

$$x=v_{0x}t=v_0\cos\theta\cdot t=40\times\cos30°\times1.0$$
$$=40\times\frac{\sqrt{3}}{2}\times1.0=40\times\frac{1.7}{2}\times1.0=34\text{ m}$$

y方向（鉛直方向）は鉛直投げ上げ運動です。y方向の初速度v_{0y}を用いて鉛直投げ上げ運動の変位の式に代入します。

$$y=v_{0y}t-\frac{1}{2}gt^2=v_0\sin\theta\cdot t-\frac{1}{2}gt^2=40\times\sin30°\times1.0-\frac{1}{2}\times9.8\times1.0^2$$
$$=40\times\frac{1}{2}\times1.0-4.9=15.1\text{ m}$$

> ⚠ 鉛直投げ上げ運動の変位
>
> $$y=v_0 t-\frac{1}{2}gt^2$$

$$x=34\text{ m},\ y=15\text{ m}\cdots\cdots\boxed{\text{答}}$$

15 斜方投射運動の最高点

問題

水平方向から30°の方向に，初速度39.2 m/sで小球を投げ上げた。小球が最高点に達するまでの時間 t は何秒か。また，最高点の高さ H は何mか。重力加速度の大きさを9.8 m/s^{2}とし，有効数字2桁で答えよ。

🍴 解くための材料

斜方投射運動の速度と最高点の条件

y 方向（鉛直方向）	$v_y = v_0 \sin \theta - gt$

最高点の条件	$v_y = 0$

初速度 v_0(m/s)，時間 t(s)
重力加速度の大きさ g(m/s^2)
y 方向の速度の成分 v_y(m/s)

🍳 解き方

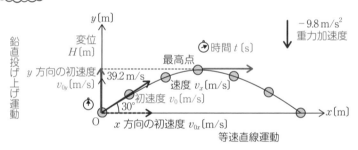

鉛直投げ上げ運動

y(m)
変位 H(m)
⏱ 時間 t(s)
-9.8 m/s^2 重力加速度
最高点
y 方向の初速度 v_{0y}(m/s)
39.2 m/s
速度 v_x(m/s)
初速度 v_0(m/s)
30°
O
x 方向の初速度 v_{0x}(m/s)
等速直線運動
x(m)

斜方投射運動の最高点では，y 方向の速度の成分 v_y が 0 になります。斜方投射運動の y 方向の速度の成分の式 $v_y = v_0 \sin \theta - gt$ に $\underline{v_y = 0}$ を代入して，

$$0 = 39.2 \times \sin 30° - 9.8 \times t \quad \text{よって，} t = 2.0 \text{ s}$$

次に，y 方向の変位の式から2.0秒後の変位 H を計算します。

$$H = v_0 \sin \theta \cdot t - \frac{1}{2}gt^2 = 39.2 \times \sin 30° \times 2.0 - \frac{1}{2} \times 9.8 \times 2.0^2$$

$$= 39.2 - 19.6 = 19.6 \text{ m}$$

$$t = 2.0 \text{ s}, \quad H = 20 \text{ m} \cdots\cdots 答$$

斜方投射運動の速度は **P20**

斜方投射運動の変位は **P21**

❗ 斜方投射運動の最高点の条件

最高点で $v_y = 0$

上昇中は $v_y > 0$

下降中は $v_y < 0$

16 斜方投射運動の水平到達距離

問題　レベル ★★☆

前ページの問題15で，小球が地面に戻ってきたときの水平到達距離 L は
何mか。ただし，$\sqrt{3}=1.7$ とする。

🍴 解くための材料

斜方投射運動の変位と地面に戻ってくるときの条件

x 方向（水平方向）　$x=v_0\cos\theta\cdot t$

地面に戻ってくるときの条件　$y=0$

初速度 v_0[m/s]，時間 t[s]
x 方向の変位 x[m]
y 方向の変位 y[m]

解き方

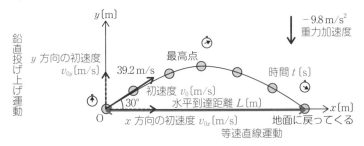

鉛直投げ上げ運動

y 方向の初速度 v_{0y}[m/s]　39.2 m/s

最高点

初速度 v_0[m/s]　水平到達距離 L[m]

$-9.8\,\text{m/s}^2$ 重力加速度

時間 t[s]

30°

O　x 方向の初速度 v_{0x}[m/s]　x[m]

等速直線運動　地面に戻ってくる

問題15で，小球が最高点に到達するのに 2.0 秒かかったことがわかりました。
小球は上昇するのに 2.0 秒かかっているので，下降するのに上昇するのと同じ時
間かかります。小球が地面に戻ってくるまでの時間 t は，次式となります。

$$t=2.0\times2=4.0\text{ s}$$

斜方投射運動の変位の式から 4.0 秒後の x 方向の変位
を求めると，それが地面に戻ってきたときの水平到達距
離 L となります。

$$L=v_0\cos\theta\cdot t=39.2\times\cos30°\times4.0$$
$$=39.2\times\frac{\sqrt{3}}{2}\times4.0=39.2\times\frac{1.7}{2}\times4.0=133.28$$
$$\fallingdotseq1.3\times10^2\text{m}$$

$$L=1.3\times10^2\text{ m}\cdots\cdots\text{答}$$

最高点に到達する時間
がわからないときは，小
球が地面に戻ってくること
から，$y=0$ を使って変位
の式で時間を求めるよ。

力 学

17 力のモーメント①

問題

レベル ★★★

回転軸Oのまわりの
力のモーメントMは
何N·mか。ただし、
反時計回りを正とする。

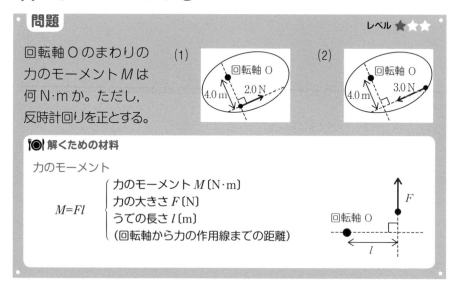

力のモーメント

$$M=Fl\begin{cases}\text{力のモーメント } M \text{〔N·m〕}\\\text{力の大きさ } F \text{〔N〕}\\\text{うでの長さ } l \text{〔m〕}\\(\text{回転軸から力の作用線までの距離})\end{cases}$$

解き方

　質量と大きさをもち、力を受けても変形しない物体のことを剛体といいます。
回転軸Oのまわりに剛体を回転させようとする能力を力のモーメントといい、

　　力のモーメント = 力の大きさ×うでの長さ

で表します。回転する向きは、

$$\begin{cases}\text{反時計回り（左回り）…正}\\\text{時計回り（右回り）　…負}\end{cases}$$

として考えることが多いです。

(1)　反時計回りに回転するので、

$$M=Fl=2.0\times4.0=8.0\text{ N·m}$$

8.0 N·m……**答**

(2)　力は作用線上で移動させても効果は変わりません。
　時計回りに回転するので、力のモーメントは負です。

$$M=Fl=\underset{\text{時計回りの意味}}{-}3.0\times4.0=-12\text{ N·m}$$

−12 N·m……**答**

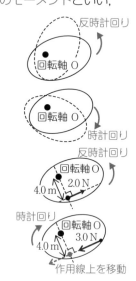

24

力 学

18 力のモーメント②

問題

レベル ★★★

回転軸Oのまわりの
力のモーメントMは
何N·mか。ただし,
反時計回りを正とする。

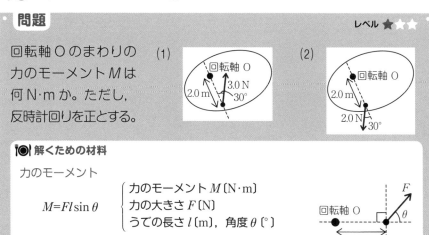

🍴 解くための材料

力のモーメント

$M=Fl\sin\theta$ 　　$\begin{cases} 力のモーメント M\,(\text{N·m}) \\ 力の大きさ F\,(\text{N}) \\ うでの長さ l\,(\text{m}),　角度 \theta\,(°) \end{cases}$

🍳 解き方 ・・

　力の作用点をAとして,OAと力Fが直交していないときは,OAに直交する向きの力の成分($F\sin\theta$)を考え,その成分による力のモーメントを計算します。

(1) 反時計回りに回転するので,

$$M=Fl\sin\theta=3.0\times2.0\times\sin30°$$

$$=3.0\times2.0\times\frac{1}{2}=3.0\,\text{N·m}$$

3.0 N·m……🈪

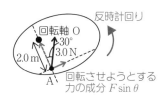

(2) 時計回りに回転するので,力のモーメント
は負です。

$$M=Fl\sin\theta=\underset{\substack{\uparrow\\ 時計回りの意味}}{-}2.0\times2.0\times\sin30°$$

$$=-2.0\times2.0\times\frac{1}{2}=-2.0\,\text{N·m}$$

−2.0 N·m……🈪

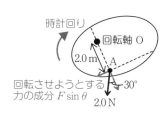

力

学

力 学

19 力のモーメント③

問題

レベル ★★★

回転軸 O のまわりの力のモーメントの和 M は何 N·m か。ただし，反時計回りを正とする。

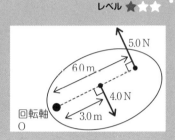

解くための材料

力のモーメントの和

$M=M_1+M_2$

- 力のモーメントの和 M〔N·m〕
- 力 F_1 の力のモーメント M_1〔N·m〕
- 力 F_2 の力のモーメント M_2〔N·m〕

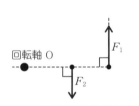

解き方

剛体が 2 つの力を受けているとき，それらの力のモーメントの和 M はそれぞれの力のモーメント M_1 と M_2 の和となります。

$M=M_1+M_2=F_1 l_1+F_2 l_2$

それぞれの力のモーメントの回転方向も正負の符号で式に代入します。

力 F_1 による力のモーメント M_1 と力 F_2 による力のモーメント M_2 を式に代入して，

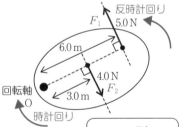

$M=M_1+M_2=F_1 l_1+F_2 l_2$

$=5.0×6.0+(\underset{\text{時計回りの意味}}{-4.0×3.0})=18\ \text{N·m}$

18 N·m……答

! 力のモーメントのつり合い

$M_1+M_2=0$ のとき，剛体は回転しはじめない。

計算結果が0になることもあるの？

そのときは回転しはじめないよ。力のモーメントがつり合うんだ。

20 剛体のつり合い①

問題

点 O を糸でつるした軽い棒の点 A, B に力を加え, 棒を水平に静止させた。

(1) 長さ *l* は何 m か。

(2) 点 O での糸の張力の大きさ *T* は何 N か。

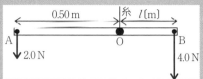

🍴 解くための材料

剛体のつり合い

並進運動しはじめないための条件
$$\vec{F_1}+\vec{F_2}+\vec{F_3}=\vec{0}$$

回転運動しはじめないための条件
$$M_1+M_2+M_3=0$$

剛体が受ける力 $\vec{F_1}$〔N〕, $\vec{F_2}$〔N〕, $\vec{F_3}$〔N〕
力のモーメント M_1〔N·m〕, M_2〔N·m〕, M_3〔N·m〕

解き方

剛体について, ①力のつり合い, ②任意の1点のまわりでの力のモーメントのつり合いが成り立つとき, 剛体は静止し続け, これを剛体のつり合いといいます。

(1) 点 O のまわりの力のモーメントのつり合いより, 力のモーメントは P24

$$M_1+M_2=F_1\,l_1+F_2\,l_2=0$$
$$2.0\times0.50+(-4.0\times l)=0$$
$$4.0\,l=1.0 \quad \text{時計回りの意味}$$
$$l=0.25\,\text{m} \quad \textbf{0.25 m}\cdots\text{答}$$

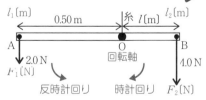

(2) 力のつり合いより, $T=F_1+F_2$
$$T=2.0+4.0=6.0\,\text{N}$$

6.0 N……答

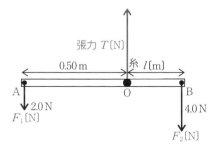

❗ 力のつり合い

力のつり合いの式 $\vec{F_1}+\vec{F_2}+\vec{F_3}=\vec{0}$
大きさの式 $F_3=F_1+F_2$

21 剛体のつり合い②

問題

長さ $2l$ [m], 質量 m [kg] の一様な棒を, 図のように水平から θ の角度になるように壁に立てかけた。ただし, 壁はなめらかで, 床と棒の間には摩擦力がはたらく。重力加速度の大きさを g [m/s²], 点 A で棒が壁から受ける垂直抗力を R [N], 点 B で棒が床から受ける垂直抗力を N [N], 静止摩擦力を f [N] とする。

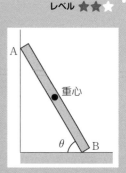

(1) 鉛直方向の力のつり合いの式を立てよ。

(2) 水平方向の力のつり合いの式を立てよ。

🍽 解くための材料

剛体のつり合い

| 並進運動しはじめないための条件 |
$$\vec{F_1}+\vec{F_2}+\vec{F_3}=\vec{0}$$ $\left\{ \begin{array}{l} \text{剛体が受ける力 } \vec{F_1}\,[\text{N}], \ \vec{F_2}\,[\text{N}], \\ \vec{F_3}\,[\text{N}] \end{array} \right.$

 解き方

棒が受ける力を図示すると, 右図のようになります。重力は棒の重心から鉛直下向きにかきます。静止摩擦力の向きに注意しましょう。

(1) 鉛直方向の力のつり合いより,

$$N - mg = 0 \cdots \cdots \text{答}$$

(2) 水平方向の力のつり合いより,

$$R - f = 0 \cdots \cdots \text{答}$$

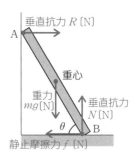

❗ 力の図示

① 注目する物体を確認する。
② 遠隔力（重力）をかく。
③ 接触力をかく。

棒は静止しているから, 鉛直方向と水平方向のそれぞれで合力が0になるね。

そうか！

22 剛体のつり合い③

問題

レベル ★★☆

前ページの問題21で，次の各問に答えよ。

(1) 点Bのまわりの力のモーメントのつり合いの式を立てよ。

(2) 静止摩擦力 f の大きさを求めよ。

🍽 解くための材料

剛体のつり合い

| 回転運動しはじめないための条件 |

$$M_1+M_2+M_3=0 \qquad \begin{cases} 力のモーメント\ M_1(\mathrm{N\cdot m}),\ M_2(\mathrm{N\cdot m}), \\ \hspace{3.5cm} M_3(\mathrm{N\cdot m}) \end{cases}$$

🍳 解き方

(1) 点Bのまわりの力のモーメントなので，棒を回転させようとする力は垂直

抗力 R [N]と重力 mg [N]です。

2力とも力の向きがOAと直交し

ていません。直交している方向の

力の成分を使って，力のモーメン

トのつり合いの式を立てます。

棒を回転させようとする垂直抗力 R の成分

$R\sin\theta$

垂直抗力 R

時計回り

棒を回転させようとする
重力 mg の成分 $mg\cos\theta$

重心

うての長さ $2l$

うての長さ l

重力
mg

反時計回り　回転軸

$$\boldsymbol{mg\cos\theta \times l + (-R\sin\theta \times 2l)=0} \cdots 答$$

時計回りの意味

(2) (1)の結果を変形して垂直抗力 R を求めます。

$$mg\cos\theta \times \cancel{l}=R\sin\theta \times 2\cancel{l} \quad より，\quad R=\frac{mg\cos\theta}{2\sin\theta}$$

ここで $\tan\theta=\dfrac{\sin\theta}{\cos\theta}$ を用いて，

$$R=\frac{mg}{2}\times\frac{\cos\theta}{\sin\theta}=\frac{mg}{2}\times\frac{1}{\tan\theta}=\frac{mg}{2\tan\theta}$$

ここに $\tan\theta$ を逆数の形で代入します

前ページの問題21(2)の結果，$R-f=0$ より，静止摩擦力 f は，$f=R$

$$f=\frac{mg}{2\tan\theta}\ \cdots 答$$

力のモーメントは **P24**

23 平行な2力の合成（同じ向きの2力）

問題

一様な棒PQに図のように2力がはたらいている。2力の合力の大きさは何Nか。また、その作用点はPから何mの位置か。

2.0 N　3.0 N
P ————————— Q
3.0 m

解くための材料

同じ向きの平行な2力の合力

大きさ
$F = F_1 + F_2$
$l_1 : l_2 = F_2 : F_1$

{ 合力の大きさ F〔N〕
力の大きさ F_1〔N〕，F_2〔N〕
力 F_1，F_2から合力の
作用点までの長さ l_1〔m〕，l_2〔m〕

$\vec{F_1}$　$\vec{F}$ 合力　$\vec{F_2}$
l_1　l_2

解き方

剛体に同じ向きの2つの平行な力がはたらくとき、合力の大きさは2力の和となり、合力の作用線は2力の作用点間の長さを $F_2 : F_1$ に内分する点を通ります。

合力の大きさは2つの力の和です。

$$F = F_1 + F_2 = 2.0 + 3.0 = 5.0\,N$$

点Pから合力の作用点Oまでの長さPOを x〔m〕とします。
OQの長さは $(3.0 - x)$〔m〕と表され、この長さの比が力の大きさの逆比となります。

3.0 N
2.0 N　合力

$$x : (3.0 - x) = 3.0 : 2.0$$
$$3.0 \times (3.0 - x) = 2.0\,x$$
$$5.0\,x = 9.0$$
$$x = 1.8\,m$$

2.0 N　合力の作用点　3.0 N
P —————— O —————— Q
3.0 m
3.0　2.0
x〔m〕　逆比に内分　$(3.0-x)$〔m〕

合力の大きさ5.0 N，1.8 mの位置……答

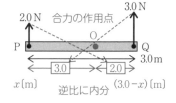

5.0 N
2.0 N　1.8 m　3.0 N
P ————————— Q
3.0 m

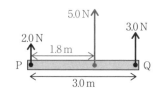

24 平行な2力の合成（逆向きの2力）

問題

レベル ★★★

一様な棒PQに図のように2力がはたらいている。2力の合力の大きさは何Nか。また，その作用点はPから何mの位置か。

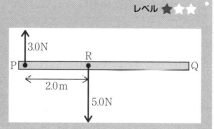

解くための材料

逆向きの平行な2力の合力

大きさ $F=|F_1-F_2|$

$l_1 : l_2 = F_2 : F_1$

合力の大きさ F 〔N〕
力の大きさ F_1 〔N〕，F_2 〔N〕
力 F_1，F_2 から合力の
作用点までの長さ l_1 〔m〕，l_2 〔m〕

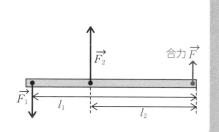

解き方

剛体に逆向きの2つの平行な力がはたらくとき，合力の大きさは2力の差で，力の向きは大きい方の力の向きとなり，合力の作用線は2力の作用点間の長さを $F_2 : F_1$ に外分する点を通ります。

合力の大きさは2つの力の差です。

$$F=|F_1-F_2|=|3.0-5.0|=2.0\,\text{N}$$

点Rから合力の作用点Oまでの長さ RO を x〔m〕とします。POの長さは $(2.0+x)$〔m〕と表され，この長さの比が力の大きさの逆比となります。

$$x : (2.0+x) = 3.0 : 5.0$$
$$5.0 \times x = 3.0 \times (2.0+x)$$
$$2.0\,x=6.0 \quad \text{より，} \quad x=3.0\,\text{m}$$

点Pからの長さは，$2.0+3.0=5.0\,\text{m}$

合力の大きさ 2.0 N，5.0 m の位置……答

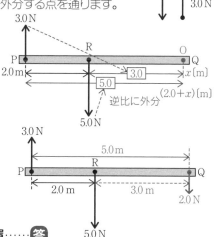

25 偶力(ぐう りょく)

問題

偶力のモーメント M は何 N·m か。

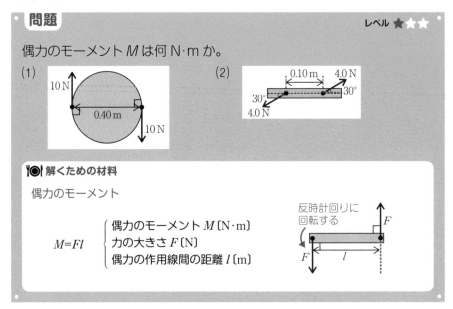

(1) 10 N / 0.40 m / 10 N

(2) 0.10 m / 4.0 N / 30° / 30° / 4.0 N

解くための材料

偶力のモーメント

$M=Fl$
$\begin{cases} \text{偶力のモーメント } M \text{〔N·m〕} \\ \text{力の大きさ } F \text{〔N〕} \\ \text{偶力の作用線間の距離 } l \text{〔m〕} \end{cases}$

反時計回りに回転する

解き方

同じ大きさで逆向きの平行な2力のことを偶力といいます。偶力は物体を回転させるはたらきのみをもちます。

(1) 偶力のモーメントの式に代入します。

$M=Fl$

$\quad =10\times0.40=4.0\ \text{N·m}$

物体は時計回りに回転します。

4.0 N·m……答

(2) 図中の0.10 m は合力の作用線間の距離 l ではないので，作図から l を求めて式に代入します。

$M=Fl=4.0\times\underbrace{0.10\times\sin30°}_{l}$

$\quad =4.0\times0.10\times\dfrac{1}{2}=0.20\ \text{N·m}$

物体は反時計回りに回転します。

0.20 N·m……答

0.10 m / 4.0 N / 30° / 4.0 N / l / 0.10×sin30°〔m〕

偶力は物体を移動させることはできないね。

なるほど！

26 重心①

問題

レベル ★★★

質量 1.0 kg の球 A と質量 3.0 kg の球 B を，質量の無視できる軽い棒で固定してある。球 A と球 B の中心の間隔は 0.40 m である。重心の位置は A から何 m か。

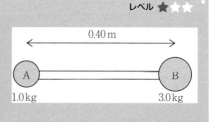

解くための材料

重心の座標

$$x_G = \frac{m_1 x_1 + m_2 x_2}{m_1 + m_2}$$

$$y_G = \frac{m_1 y_1 + m_2 y_2}{m_1 + m_2}$$

$\left\{\begin{array}{l} \text{重心の座標}\ (x_G,\ y_G) \\ \text{質量}\ m_1\,\text{(kg)の物体の位置座標}\ (x_1,\ y_1) \\ \text{質量}\ m_2\,\text{(kg)の物体の位置座標}\ (x_2,\ y_2) \end{array}\right.$

解き方

物体の各部分にはたらく重力を合成した合力の作用点のことを重心といいます。重心で物体を支えると，物体は回転せずにつり合います。

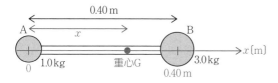

物体AとBの重力について，重心のまわりの力のモーメントは 0 になるね。

手順 1
式に代入する量と単位を確認する

図のように座標軸をとり，A から重心 G までの長さを x (m) とすると，

$\left\{\begin{array}{l} \text{物体 A の質量}\ m_1 = 1.0\ \text{kg}，座標\ x_1 = 0\ \text{m} \\ \text{物体 B の質量}\ m_2 = 3.0\ \text{kg}，座標\ x_2 = 0.40\ \text{m} \end{array}\right.$

となります。これを重心の式に代入します。

手順 2
式に代入して計算する

$$x_G = \frac{m_1 x_1 + m_2 x_2}{m_1 + m_2} = \frac{1.0 \times 0 + 3.0 \times 0.40}{1.0 + 3.0} = \frac{1.2}{4.0} = 0.30\ \text{m}$$

0.30 m …… 答

力 学

27 重心②

問題

レベル ★★★

太さと密度が一様な金属でできたL字形の物体がある。この物体の重心の位置座標 (x_G, y_G) を求めよ。ただし，金属の太さは無視できるものとする。

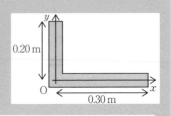

🍴 解くための材料

重心の座標

$$x_G = \frac{m_1 x_1 + m_2 x_2}{m_1 + m_2}$$

$$y_G = \frac{m_1 y_1 + m_2 y_2}{m_1 + m_2}$$

重心の座標 (x_G, y_G)
質量 m_1 〔kg〕の物体の位置座標 (x_1, y_1)
質量 m_2 〔kg〕の物体の位置座標 (x_2, y_2)

解き方

長さ 0.20 m の部分の質量を $2M$，長さ 0.30 m の部分の質量を $3M$ と考えます。

 手順1
式に代入する量と単位を確認する

図のように座標軸をとり，質量が $2M$，$3M$ の部分の座標を書くと，

質量 $2M$…座標 $(0\ \mathrm{m},\ 0.10\ \mathrm{m})$
質量 $3M$…座標 $(0.15\ \mathrm{m},\ 0\ \mathrm{m})$

となり，これを重心の式に代入します。

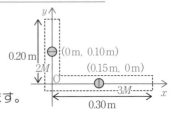

手順2
式に代入して計算する

$$x_G = \frac{m_1 x_1 + m_2 x_2}{m_1 + m_2} = \frac{2M \times 0 + 3M \times 0.15}{2M + 3M} = \frac{0.45M}{5M} = 0.090\ \mathrm{m}$$

$$y_G = \frac{m_1 y_1 + m_2 y_2}{m_1 + m_2} = \frac{2M \times 0.10 + 3M \times 0}{2M + 3M} = \frac{0.20M}{5M} = 0.040\ \mathrm{m}$$

$(0.090\ \mathrm{m},\ 0.040\ \mathrm{m})$ ……答

 重心が物体の中にないのはいいの？

 物体の重心は必ずしも物体の内部にあるとは限らないよ。

34

28 重心③

問題

レベル ★★☆

中心を O とした半径 r 〔m〕の一様な円板がある。この円板から，図のように直径 r 〔m〕の円を切り取った。切り取られた板の重心の位置は，中心 O からいくら離れたところか求めよ。

🍴 解くための材料

重心の座標

$$x_G = \frac{m_1 x_1 + m_2 x_2}{m_1 + m_2}$$

$$y_G = \frac{m_1 y_1 + m_2 y_2}{m_1 + m_2}$$

重心の座標 (x_G, y_G)
質量 m_1〔kg〕の物体の位置座標 (x_1, y_1)
質量 m_2〔kg〕の物体の位置座標 (x_2, y_2)

解き方 ••••••••••••••••••••••••••

図のように，中心 O から x〔m〕離れた点を切り取られた板の重心 x_G とし，もとの円板から切り取る円板（ ）を A，切り取られた残りの部分（ ）を B とします。A の部分の質量を M とすると，B の部分の質量は $3M$ です。

半径の比　1:2

A　　もとの円板
面積は
長さの2乗

面積の比　1:4

A　　もとの円板
質量 M を
切り取る

面積の比　1:3

A　　　B

A，B，もとの円板の部分の座標を書くと，A と B から求めた重心がもとの円板の重心（原点 O）になることがわかります。重心の式に代入して，

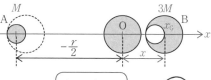

もとの円板の
重心は原点，
$$0 = \frac{3M \times x + M \times \left(-\dfrac{r}{2}\right)}{3M + M} \quad \text{より，} \quad 0 = 3x - \frac{r}{2}$$

全体の重心の位置座標から逆算するんだね。

$$x = \frac{r}{6} \text{〔m〕} \quad \textbf{原点から } \frac{r}{6} \text{〔m〕の位置……答}$$

29 運動量

問題

(1) 質量50 kgの人が東向きに8.0 m/sで運動している。運動量は何 kg·m/sか。

(2) 東向きに5.0 m/sで走行していた質量1000 kgの車が加速して 10 m/sになった。車の運動量の増加は何 kg·m/sか。

🍴 解くための材料

運動量

$$\vec{p} = m\vec{v}$$

$$\begin{cases} 運動量 \ \vec{p} \ [\mathrm{kg \cdot m/s}] \\ 物体の質量 \ m \ [\mathrm{kg}], \ 速度 \ \vec{v} \ [\mathrm{m/s}] \end{cases}$$

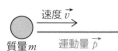

解き方 ・・・・・・・・・・・・・・・・・・・・・

質量 m [kg]の物体が速度 $\vec{v}$ [m/s]で運動しているとき，物体の運動のはげしさや勢いを表す量を運動量といい，$\vec{p} = m\vec{v}$ で表します。運動量は大きさと向きをもったベクトルで，速度と同じ向きになります。

(1)　$p = mv = 50 \times 8.0$
　　　$= 400 = 4.0 \times 10^2 \ \mathrm{kg \cdot m/s}$

東向きに 4.0×10^2 kg·m/s……答

(2)　運動量の差を Δp とし，あとの運動量 p_2 からはじめの運動量 p_1 を引きます。

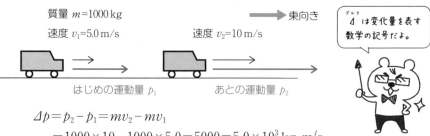

質量 $m = 1000 \ \mathrm{kg}$　　　　　　　　　→ 東向き
速度 $v_1 = 5.0 \ \mathrm{m/s}$　　　　速度 $v_2 = 10 \ \mathrm{m/s}$

はじめの運動量 p_1　　　　あとの運動量 p_2

Δ は変化量を表す数学の記号だよ。

　　$\Delta p = p_2 - p_1 = mv_2 - mv_1$
　　　　$= 1000 \times 10 - 1000 \times 5.0 = 5000 = 5.0 \times 10^3 \ \mathrm{kg \cdot m/s}$

運動量の向きは速度の向きと同じなので，東向きとなります。

東向きに 5.0×10^3 kg·m/s……答

30 力 積

問題

レベル ★★★

(1) 物体に 3.0 N の力を 2.0 秒間加え続けた。加えた力積の大きさは何 N·s か。

(2) 図のような F-t グラフで表される力を物体に加えた。このグラフの斜線部の面積が 10 N·s のとき，平均の力の大きさ $\overline{F}$ [N] は何 N か。

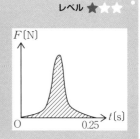

🍳 解くための材料

力積

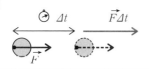

$\begin{cases} \text{力積 } \vec{F}\varDelta t \text{ [N·s]} \\ \text{物体が受けた力 } \vec{F} \text{ [N]} \\ \text{力のはたらいた時間 } \varDelta t \text{ [s]} \end{cases}$

解き方

物体が受ける力 $\vec{F}$ [N] と力を受けている時間 $\varDelta t$ [s] の積 $\vec{F}\varDelta t$ [N·s] を力積といいます。力積は大きさと向きをもったベクトルで，力と同じ向きになります。

(1) 力積 $F\varDelta t = 3.0 \times 2.0 = 6.0$ N·s   **6.0 N·s**……答

(2) F-t グラフは，物体が受ける力の時間変化を表したグラフです。

F-t グラフと時間軸で囲んだ面積が力積を表すことから， と面積が等しい □ を考えると，平均の力 $\overline{F}$ を求めることができます。

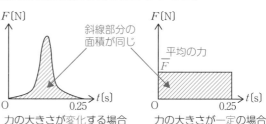

斜線部分の面積が同じ

平均の力 $\overline{F}$

力の大きさが変化する場合　　力の大きさが一定の場合

$$\overline{F} = \frac{\text{力積}}{\text{時間}}$$

$$= \frac{10}{0.25} = 40 \text{ N}$$

40 N……答

短時間で大きな力がはたらくね。

(2)のような力を撃力というよ。

31 運動量の変化と力積（直線上の運動）

問題

右向きに 20 m/s で飛んできた質量 0.15 kg のボールを
バットで逆向きに打ち返したところ，ボールは左向きに
20 m/s で飛んでいった。バットがボールに与えた力積は何
N·s か。

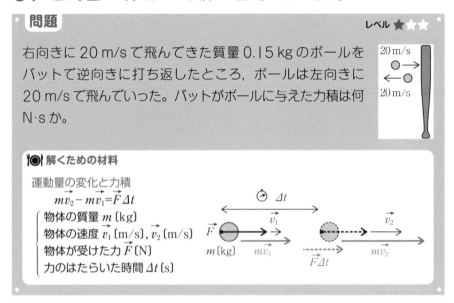

🍽 解くための材料

運動量の変化と力積
$$\vec{mv_2} - \vec{mv_1} = \vec{F}\Delta t$$

物体の質量 m 〔kg〕
物体の速度 $\vec{v_1}$〔m/s〕, $\vec{v_2}$〔m/s〕
物体が受けた力 $\vec{F}$〔N〕
力のはたらいた時間 Δt〔s〕

物体の運動量の変化 $\vec{mv_2} - \vec{mv_1}$ は，物体が受けた力積 $\vec{F}\Delta t$ と等しくなります。
一直線上の運動の場合は，速度の正負を含めて式に代入して求めます。

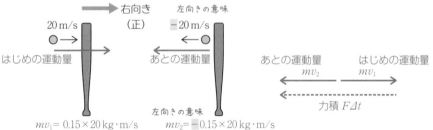

$mv_1 = 0.15 \times 20 \, \text{kg·m/s}$　　$mv_2 = -0.15 \times 20 \, \text{kg·m/s}$（左向きの意味）

ボールは直線上を運動しているので，運動量の変化と力積の式
$mv_2 - mv_1 = F\Delta t$ に速度の向きの正負の符号も含めて代入します。

$$0.15 \times (-20) - 0.15 \times 20 = F\Delta t$$

（左向きの意味）

$$F\Delta t = -3.0 - 3.0 = -6.0 \, \text{N·s}$$

（左向きの意味）

力積はベクトル量なので，向きも答えます。　**左向きに 6.0 N·s**……**答**

バットがボール
に与えた力積
$-6.0 \, \text{N·s}$

32 運動量の変化と力積（平面上の運動）

問題

レベル ★★★

東向きに 20 m/s で飛んできた質量 0.15 kg のボールをバットで打ち返したところ，ボールは北向きに 20 m/s で飛んでいった。バットがボールに与えた力積は何 N·s か。ただし，$\sqrt{2}=1.4$ とする。

▶ 解くための材料

運動量の変化と力積
$$m\vec{v_2} - m\vec{v_1} = \vec{F}\Delta t$$

- 物体の質量 m [kg]
- 物体の速度 $\vec{v_1}$ [m/s]，$\vec{v_2}$ [m/s]
- 物体が受けた力 $\vec{F}$ [N]
- 力のはたらいた時間 Δt [s]

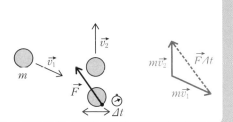

解き方

平面上の運動の場合はベクトルの作図から求めます。

はじめの運動量 $m\vec{v_1}$ の終点からあとの運動量 $m\vec{v_2}$ の終点に向けて矢印をかくと，それが力積になります。はじめの速度とあとの速度の向きが直交し，運動量の大きさが等しいことから，直角三角形の辺の比 $1:1:\sqrt{2}$ の関係を用いて力積の大きさを計算します。

$$F\Delta t = 0.15 \times 20 \times \sqrt{2}$$
$$= 0.15 \times 20 \times 1.4 = 4.2 \text{ N·s}$$

力積はベクトル量なので，向きも答えます。

北西向きに 4.2 N·s ……答

4.2 N·s

バットがボールに与えた力積

33 運動量保存の法則（直線上を同じ向きに進む場合）

一直線上を正の向きに 3.0 m/s で進む質量 1.0 kg の小球 A が，前方を正の向きに 2.0 m/s で進む質量 3.0 kg の小球 B に衝突した。衝突後の小球 A の速さが正の向きに 1.5 m/s のとき，小球 B の速度は何 m/s か。

🍴 解くための材料

運動量保存の法則

$$\underset{\text{衝突前の運動量の和}}{m_1\vec{v_1}+m_2\vec{v_2}} = \underset{\text{衝突後の運動量の和}}{m_1\vec{v_1}'+m_2\vec{v_2}'}$$

物体 A，B の質量 m_1 [kg]，m_2 [kg]
衝突前の物体 A，B の速度 $\vec{v_1}$ [m/s]，$\vec{v_2}$ [m/s]
衝突後の物体 A，B の速度 $\vec{v_1}'$ [m/s]，$\vec{v_2}'$ [m/s]

 解き方

内力といいます

物体どうしが作用・反作用の力を及ぼし合うだけで外力を受けないとき，衝突前の運動量の和と衝突後の運動量の和は等しく，これを運動量保存の法則といいます。

手順❶
問題の内容を図に表し，物理量を確認する

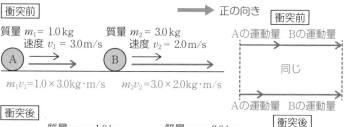

衝突前
質量 $m_1 = 1.0$ kg　　質量 $m_2 = 3.0$ kg
　速度 $v_1 = 3.0$ m/s　　速度 $v_2 = 2.0$ m/s

$m_1v_1 = 1.0 \times 3.0$ kg·m/s　　$m_2v_2 = 3.0 \times 2.0$ kg·m/s

正の向き

衝突前
A の運動量　B の運動量
同じ
A の運動量　B の運動量
衝突後

衝突後
質量 $m_1 = 1.0$ kg　　質量 $m_2 = 3.0$ kg
　速度 $v_1' = 1.5$ m/s　　速度 v_2' [m/s]

$m_1v_1' = 1.0 \times 1.5$ kg·m/s　　$m_2v_2' = 3.0 \times v_2'$ [kg·m/s]

手順❷
式に代入して計算する

速度の向きも考慮して，$m_1\vec{v_1}+m_2\vec{v_2}=m_1\vec{v_1}'+m_2\vec{v_2}'$ に代入します。

$$\underset{\text{衝突前の運動量の和}}{1.0 \times 3.0 + 3.0 \times 2.0} = \underset{\text{衝突後の運動量の和}}{1.0 \times 1.5 + 3.0 \times v_2'}$$

$$v_2' = +2.5 \text{ m/s}$$

正の向きに 2.5 m/s または ＋2.5 m/s ……答

34 運動量保存の法則（直線上を逆向きに進む場合）

問題

レベル ★★★

一直線上を正の向きに 2.0 m/s で進む質量 4.0 kg の小球 A が，前方から負の向きに 2.0 m/s で進む質量 6.0 kg の小球 B に衝突した。衝突後の小球 B の速さが正の向きに 1.0 m/s のとき，小球 A の速度は何 m/s か。

🍳 解くための材料

運動量保存の法則

$$\underset{\text{衝突前の運動量の和}}{m_1\vec{v_1}+m_2\vec{v_2}}=\underset{\text{衝突後の運動量の和}}{m_1\vec{v_1}'+m_2\vec{v_2}'}$$

物体 A，B の質量 m_1 (kg)，m_2 (kg)
衝突前の物体 A，B の速度 $\vec{v_1}$ (m/s)，$\vec{v_2}$ (m/s)
衝突後の物体 A，B の速度 $\vec{v_1}'$ (m/s)，$\vec{v_2}'$ (m/s)

🍳 解き方

手順 1

問題の内容を図に表し，物理量を確認する

衝突前

質量 m_1=4.0 kg　　　質量 m_2=6.0 kg

速度 v_1=2.0 m/s　　　速度 v_2= −2.0 m/s （負の向きの意味）

正の向き

m_1v_1=4.0×2.0 kg・m/s　　m_2v_2=6.0×(−2.0) kg・m/s （負の向きの意味）

衝突後

質量 m_1=4.0 kg　　　質量 m_2=6.0 kg

速度 v_1' (m/s)　　　速度 v_2' =1.0 m/s

m_1v_1' =4.0×v_1' (kg・m/s)　　m_2v_2' =6.0×1.0 kg・m/s

手順 2

式に代入して計算する

図のように，衝突後，小球 A は正の向きに進んだと仮定します。衝突前の小球 B の速度は負の向きを意味する（−）の符号をつけて，運動量保存の法則に代入します。

$$\underset{\text{負の向きの意味}}{m_1\vec{v_1}+m_2\vec{v_2}}=m_1\vec{v_1}'+m_2\vec{v_2}'$$

$$\underset{\text{衝突前の運動量の和}}{4.0×2.0+6.0×(−2.0)}=\underset{\text{衝突後の運動量の和}}{4.0×v_1'+6.0×1.0}$$

v_1' = −2.5 m/s　**負の向きに 2.5 m/s** または **−2.5 m/s**……**答**
（負の向きの意味）

35 運動量保存の法則（平面上を進む場合①）

問題

なめらかな水平面上を,図のように 4.0 m/s
で進む質量 2.0 kg の物体 A が, 静止し
ている質量 2.0 kg の物体 B に衝突した。
衝突後, 物体 A は衝突前の進行方向から
30°の方向に速さ v_1' (m/s) で進み, 物体
B は 60°の方向に速さ v_2' (m/s) で進ん
だ。x 成分について運動量保存の法則の
式を書け。

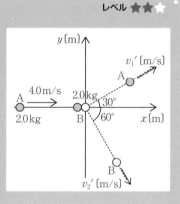

🍽 解くための材料

運動量保存の法則（x 成分）

$$m_1v_{1x}+m_2v_{2x}=m_1v_{1x}'+m_2v_{2x}'$$

物体 A, B の質量 m_1 (kg), m_2 (kg)
衝突前の物体 A, B の速度の x 成分 v_{1x} (m/s), v_{2x} (m/s)
衝突後の物体 A, B の速度の x 成分 v_{1x}' (m/s), v_{2x}' (m/s)

解き方 •

　平面運動の場合, x, y の各成分について衝突前後の運動量の和が保存されます。

はじめに速度を成分に分解し,
衝突前の物体Bは静止してい
るので運動量が0であることに
注意して, x 成分について運動
量保存の法則の式を立てます。

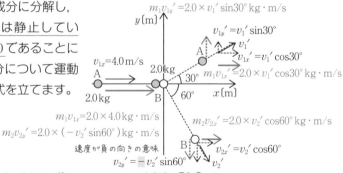

$$\underset{\text{衝突前の運動量の和}}{2.0\times4.0}+\underset{\text{物体Bは静止}}{2.0\times0}=\underset{\text{衝突後の運動量の和}}{2.0\times v_1'\cos30°+2.0\times v_2'\cos60°}$$

$$8.0=2.0\,v_1'\cos30°+2.0\,v_2'\cos60° \cdots\cdots \boxed{\text{答}}$$

力 学

36 運動量保存の法則（平面上を進む場合②）

力

学

問題   レベル ★★☆

前ページの問題35で，y成分について運動量保存の法則の式を書け。
また，衝突後の物体Aと物体Bの速さは何m/sか。ただし，$\sqrt{3}=1.7$
とする。

> **🍴 解くための材料**
>
> 運動量保存の法則（y成分）
>
> $$m_1 v_{1y} + m_2 v_{2y} = m_1 v_{1y}' + m_2 v_{2y}'$$
>
> ⎰ 物体A，Bの質量 m_1〔kg〕，m_2〔kg〕
> ⎨ 衝突前の物体A，Bの速度のy成分 v_{1y}〔m/s〕，v_{2y}〔m/s〕
> ⎱ 衝突後の物体A，Bの速度のy成分 v_{1y}'〔m/s〕，v_{2y}'〔m/s〕

🍳 解き方 ●

衝突前の物体Aはx軸上を進むので，y成分は0であることに注意しましょう。

物体Aの速度の y成分は0 　　　　物体Bは静止
$$2.0 \times 0 + 2.0 \times 0 = 2.0 \times v_1' \sin 30° + 2.0 \times (- v_2' \sin 60°)$$
衝突前の運動量の和 　　　　衝突後の運動量の和

$$0 = 2.0\, v_1' \sin 30° - 2.0\, v_2' \sin 60° \quad \cdots\cdots 答$$

x成分とy成分の式を連立して，衝突後の物体A，Bの速さを求めます。y成
分の式を変形して，$v_1' \sin 30° = v_2' \sin 60°$より，

$$v_1' = \frac{\sin 60°}{\sin 30°} v_2' = \sqrt{3}\, v_2' \quad \cdots ①$$

x成分の式に代入して，

ここに代入
$$8.0 = 2.0 \times \sqrt{3} v_2' \cos 30° + 2.0\, v_2' \cos 60°$$

$$8.0 = 2.0 \times \sqrt{3} v_2' \times \frac{\sqrt{3}}{2} + 2.0\, v_2' \times \frac{1}{2}$$

整理して，$8.0 = 3 v_2' + v_2'$より，$v_2' = 2.0\,\text{m/s}$
これを①式に代入して，

$$v_1' = \sqrt{3}\, v_2' = 1.7 \times 2.0 = 3.4\,\text{m/s}$$

Aの速さ3.4 m/s，Bの速さ2.0 m/s ……答

43

37 運動量保存の法則 (分裂する場合)

問題

レベル ★ ★ ★

一直線上を正の向きに 8.0 m/s で進む質量 6.0 kg の物体が A と B に
分裂した。A の質量は 2.0 kg，B の質量は 4.0 kg で，B は 9.0 m/s で
正の向きに進んだ。分裂後の A の速度は何 m/s か。

解くための材料

運動量保存の法則

$$m_1\overrightarrow{v_1}+m_2\overrightarrow{v_2} = m_1\overrightarrow{v_1'} +m_2\overrightarrow{v_2'}$$

衝突前の運動量の和　　衝突後の運動量の和

物体 A，B の質量 m_1 [kg]，m_2 [kg]
衝突前の物体 A，B の速度 $\overrightarrow{v_1}$ [m/s]，$\overrightarrow{v_2}$ [m/s]
衝突後の物体 A，B の速度 $\overrightarrow{v_1'}$ [m/s]，$\overrightarrow{v_2'}$ [m/s]

解き方

1 つの物体が 2 つに分裂する場合，分裂前の 1 つの物体の
運動量と分裂後の 2 つの物体の運動量の和が等しくなります。

2 つの物体が合体す
るときも，合体前と
合体後で運動量は保
存されるよ。

手順 1

問題の内容を
図に表し，物
理量を確認す
る

分裂前　　　　　　　　　　　正の向き

質量 m=6.0 kg

速度 v=8.0 m/s

mv=6.0×8.0 kg・m/s

分裂後

質量 m_1=2.0 kg　　　　　　　　　質量 m_2=4.0 kg
速度 v_1' [m/s]　　　　　　　　　速度 v_2'=9.0 m/s

A　　　　　　　　　　B

m_1v_1'=2.0×v_1' [kg・m/s]　　　m_2v_2'=4.0×9.0 kg・m/s

手順 2

式に代入して
計算する

運動量保存の法則を変形して数値を代入します。

$$\overrightarrow{mv}=m_1\overrightarrow{v_1'}+m_2\overrightarrow{v_2'}$$

$$6.0×8.0=2.0×v_1' +4.0×9.0$$

分裂前の運動量　　　分裂後の運動量の和

$$v_1' =6.0 \text{ m/s}$$

正の向きに 6.0 m/s または ＋6.0 m/s‥‥‥答

38 反発係数 (床との衝突)

問題

レベル ★ ☆ ☆

次の場合について，小球と床との間の反発係数を求めよ。

(1)　5.0 m/s で小球を垂直に床に当てたら 3.5 m/s の速さで垂直にはね返った。

(2)　床から 1.0 m の高さから床に小球を落としたところ，0.64 m の高さまではね上がった。

 解くための材料

反発係数

$$e = \frac{|v'|}{|v|} = -\frac{v'}{v}$$

$\begin{cases} 反発係数（はね返り係数）e \\ 衝突前と後の速度 \; v \, [\text{m/s}], \; v' \, [\text{m/s}] \end{cases}$

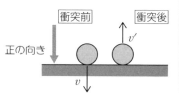

解き方

　物体と床との間のはね返りの度合いを表す量を反発係数（はね返り係数）といいます。

(1)　反発係数の式に代入します。

$$e = \frac{|v'|}{|v|} = \frac{3.5}{5.0} = 0.70 \qquad \textbf{0.70}\cdots\cdots 答$$

反発係数と衝突の種類

$e = 1$ ：弾性衝突
$0 \le e < 1$ ：非弾性衝突
$e = 0$ ：完全非弾性衝突

(2)　小球をある高さ h から自由落下させてはね返った高さが h' だったとき，反発係数は次式となります。

$$e = \sqrt{\frac{h'}{h}}$$

式に代入して，

$$e = \sqrt{\frac{h'}{h}} = \sqrt{\frac{0.64}{1.0}} = 0.80$$

0.80……答

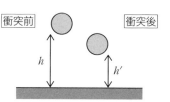

反発係数が0のとき、物体ははね返らないから、2つの物体が合体するよ。

39 反発係数（直線上の衝突）

問題

一直線上を右向きに 3.0 m/s で進んでいる物体 A が，左向きに 2.0 m/s で進む物体 B に衝突した。衝突後，物体 A は右向きに 1.0 m/s で，物体 B は右向きに 2.0 m/s で進んでいった。物体 A と B との間の反発係数を求めよ。

🍴 解くための材料

反発係数

$$e = -\frac{v_1' - v_2'}{v_1 - v_2}$$

反発係数 e
衝突前の物体 A，B の速度 v_1 [m/s]，v_2 [m/s]
衝突後の物体 A，B の速度 v_1' [m/s]，v_2' [m/s]

衝突前 ➡ 正の向き

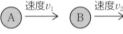 A 速度 v_1 → B 速度 v_2 →

衝突後  A 速度 v_1' → B 速度 v_2' →

🍳 解き方

直線上を運動する 2 物体が衝突する場合の反発係数は次式で表されます。

$$e = \frac{|衝突後の相対速度|}{|衝突前の相対速度|} = -\frac{v_1' - v_2'}{v_1 - v_2}$$

壁と衝突する場合は $v_2 = v_2' = 0$ と考えればいいね。

手順❶

問題の内容を図に表し，物理量を確認する

衝突前 ➡ 右向き（正）

速度 $v_1 = 3.0$ m/s 速度 $v_2 = -2.0$ m/s（左向きの意味）

A → ← B

衝突後

速度 $v_1' = 1.0$ m/s 速度 $v_2' = 2.0$ m/s

A → B →

手順❷

式に代入して計算する

速度の向きを表す符号をつけて代入します。

$$e = -\frac{v_1' - v_2'}{v_1 - v_2} = -\frac{1.0 - 2.0}{3.0 - (-2.0)} = \frac{1.0}{5.0} = 0.20$$

左向きの意味

0.20 ……**答**

40 反発係数（床との斜め衝突）

問題

なめらかな水平面に，2.0 m/s で進む小球が図のように斜めに衝突した。小球と床との間の反発係数を求めよ。ただし，$\sqrt{3} = 1.7$ とする。

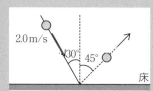

🍽 解くための材料

反発係数（斜め衝突）

$$e = \frac{|v_y'|}{|v_y|} = -\frac{v_y'}{v_y}$$

物体の衝突前と衝突後の速度 v [m/s]，v' [m/s]
物体の衝突前の速度の成分 v_x [m/s]，v_y [m/s]
物体の衝突後の速度の成分 v_x' [m/s]，v_y' [m/s]

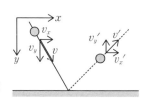

🍳 解き方

斜め衝突の場合，床と水平な方向（x 方向）の成分は変化しません。

はじめに速度を分解します。衝突前の速度の y 成分は

$$v_y = v\cos30° = 2.0 \times \frac{\sqrt{3}}{2} = 2.0 \times \frac{1.7}{2}$$

$$= 1.7 \text{ m/s}$$

です。x 成分は，

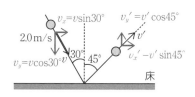

$$v_x = v\sin30° = 2.0 \times \frac{1}{2} = 1.0 \text{ m/s}$$

で，衝突前後で速度の x 成分が変化しないことから，$v_x = v_x'$ となります。

床と衝突後，小球は 45° の方向に飛んでいくので，速度の x 成分と y 成分は同じ大きさとなり，$v_y' = v_x' = 1.0$ m/s の関係が成り立ちます。

衝突前後の速度の y 成分を反発係数の式に代入して，

$$e = \frac{|v_y'|}{|v_y|} = \frac{1.0}{1.7} = 0.588 \cdots ≒ 0.59$$

0.59……答

力 学

41 直線上の2物体の衝突

 レベル ★★☆

なめらかな直線上を右向きに 3.0 m/s で進む質量 0.10 kg の物体 A と，左向きに 2.0 m/s で進む質量 0.20 kg の物体 B が衝突した。物体 A と B の間の反発係数は 0.80 である。衝突後の物体 A の速度 $v_1{}'$ と物体 B の速度 $v_2{}'$ は何 m/s か。

🍴 解くための材料

運動量保存の法則
$$m_1\overrightarrow{v_1}+m_2\overrightarrow{v_2}=m_1\overrightarrow{v_1{}'}+m_2\overrightarrow{v_2{}'}$$

反発係数
$$e=-\frac{v_1{}'-v_2{}'}{v_1-v_2}$$

物体 A，B の質量 m_1〔kg〕，m_2〔kg〕
反発係数 e
衝突前の物体 A，B の速度 v_1〔m/s〕，v_2〔m/s〕
衝突後の物体 A，B の速度 $v_1{}'$〔m/s〕，$v_2{}'$〔m/s〕

🍳 解き方

運動量保存の法則と反発係数の式を連立して，衝突後の物体の速度を求めます。運動量保存の法則より，

$$0.10\times3.0+0.20\times(-2.0)$$
$$=0.10\times v_1{}'+0.20\times v_2{}'$$

整理して，
$$v_1{}'+2v_2{}'=-1.0 \quad\cdots①$$

衝突前　　　　➡ 右向き（正）

質量m_1=0.10 kg　　　左向きの意味　質量m_2=0.20 kg
速度v_1=3.0 m/s　　　　速度v_2=－2.0 m/s

反発係数0.80

衝突後

速度$v_1{}'$〔m/s〕　　速度$v_2{}'$〔m/s〕

反発係数の式より，$0.80=-\dfrac{v_1{}'-v_2{}'}{3.0-(-2.0)}$

整理して，$-v_1{}'+v_2{}'=4.0 \quad\cdots②$

①式と②式を連立して，

$$v_1{}'=-3.0\ \text{m/s},\ v_2{}'=1.0\ \text{m/s}$$

速度の符号をつけたまま式に代入するよ。

A：左向きに 3.0 m/s，B：右向きに 1.0 m/s……答

42 衝突と力学的エネルギー

問題　　　　　　　　　　　　　　　　　　　　レベル ★★☆

前ページの問題41で，この衝突によって失われた力学的エネルギーは
何Jか。

🍽 解くための材料

衝突前後での力学的エネルギーの変化

$$\Delta E=\left(\frac{1}{2}\,m_1{v_1'}^2+\frac{1}{2}\,m_2{v_2'}^2\right)-\left(\frac{1}{2}\,m_1{v_1}^2+\frac{1}{2}\,m_2{v_2}^2\right)$$

　　　　衝突後の力学的エネルギーの和　　　　衝突前の力学的エネルギーの和

力学的エネルギーの変化分 ΔE [J]
物体 A，B の質量 m_1 [kg]，m_2 [kg]
衝突前の物体 A，B の速さ v_1 [m/s]，v_2 [m/s]
衝突後の物体 A，B の速さ v_1' [m/s]，v_2' [m/s]

解き方

一直線上を同じ高さで運動しているので，力学的エネルギーのうちの重力による位置エネルギーは変化しません。運動エネルギーの減少分が力学的エネルギーの減少分となります。

問題41 で得られた結果を式に代入します。力学的エネルギーの変化分 ΔE は，

$$\Delta E=\left(\frac{1}{2}\,m_1\,{v_1'}^2+\frac{1}{2}\,m_2\,{v_2'}^2\right)-\left(\frac{1}{2}\,m_1\,{v_1}^2+\frac{1}{2}\,m_2\,{v_2}^2\right)$$

$$=\left(\frac{1}{2}\times0.10\times3.0^2+\frac{1}{2}\times0.20\times1.0^2\right)-\left(\frac{1}{2}\times0.10\times3.0^2+\frac{1}{2}\times0.20\times2.0^2\right)$$

　　　　衝突後の力学的エネルギーの和　　　　　　衝突前の力学的エネルギーの和

$$=0.55-0.85$$

$$=-0.30\text{ J}$$

エネルギーは減少

0.30 J ……答

❗ 反発係数と力学的エネルギー

・$e=1$（弾性衝突）のとき
力学的エネルギーは保存される。

・$0\leqq e<1$（非弾性衝突）のとき
力学的エネルギーは減少する。

43 角度の変換 (弧度法と度数法)

問題

角度について，次の問いに答えよ。

(1) 60°は何 rad か。π を用いて表せ。

(2) $\dfrac{\pi}{4}$ rad は何度か。

🍴 解くための材料

θ (rad) と ϕ (°) の関係

$$\theta = \pi \times \frac{\phi}{180} \quad \begin{cases} 弧度法の角度\ \theta\ (\text{rad}) \\ 度数法の角度\ \phi\ (°) \end{cases}$$

 **解き方**

弧度法では角度をラジアン（(rad)）という単位で表します。

弧度法の角度(rad)と度数法の角度(°)の間には，

$2\pi\,\text{rad} = 360°$

の関係があります。

角度の換算の式に代入します。

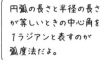
円弧の長さと半径の長さが等しいときの中心角を1ラジアンと表すのが弧度法だよ。

(1) $\theta = \pi \times \dfrac{\phi}{180} = \pi \times \dfrac{60}{180} = \dfrac{\pi}{3}\,\text{rad}$

$\dfrac{\pi}{3}\,\text{rad}$ ……**答**

(2) $\theta = \pi \times \dfrac{\phi}{180}$ を変形して，$\phi = 180 \times \dfrac{\theta}{\pi} = 180 \times \dfrac{\frac{\pi}{4}}{\pi} = \dfrac{180}{4} = 45°$

$45°$ ……**答**

❗ θ (rad) と ϕ (°) の関係

ϕ (°)	0	30	45	60	90	180	270	360
θ (rad)	0	$\dfrac{\pi}{6}$	$\dfrac{\pi}{4}$	$\dfrac{\pi}{3}$	$\dfrac{\pi}{2}$	π	$\dfrac{3\pi}{2}$	2π

44 等速円運動 (角速度と速さ)

問題

レベル ★★★

半径 3.0 m の円周上を等速円運動する物体が 4.0 秒間に 360° 回転した。ただし、円周率を π とする。

(1) 角速度は何 rad/s か。

(2) 速さは何 m/s か。

🍴 解くための材料

等速円運動の角速度と速さ

$$\omega = \frac{\theta}{t}, \quad v=r\omega \quad \begin{cases} \text{角速度} \omega \text{(rad/s)、時間 } t \text{(s)} \\ \text{回転角} \theta \text{(rad)} \\ \text{速さ } v \text{(m/s)、半径 } r \text{(m)} \end{cases}$$

 解き方 ••••••••••••••••••••••••••••••••••••

1 秒あたりの物体の回転する角度を角速度といい、(rad/s)の単位を使います。弧度法では、半径を r(m)、中心角を θ (rad)とすると、円弧の長さ l(m)は、

$$l=r\theta$$

で表されます。速さは物体の移動する距離（円弧の長さ）l(m)を時間 t(s)で割った量なので、角速度との間に次式の関係があります。

速さ ＝ 半径×角速度

(1) 360°＝2π の関係を使って角度をラジアンの単位に直して、角速度の式に代入します。

360° は2πラジアン

$$\omega = \frac{\theta}{t} = \frac{2\pi}{4.0} = 0.50\pi \text{ rad/s}$$

0.50π rad/s……答

(2) (1)の結果を用いて、速さの式に代入します。

$$v=r\omega$$
$$=3.0\times0.50\pi = 1.5\pi \text{ m/s}$$

1.5π m/s……答

等速円運動は角速度が一定の運動なんだね。

そうか！

45 等速円運動（周期と回転数）

問題　　　　　　　　　　　　　　　　　　レベル ★★☆

半径 0.50 m の円周上を，一定の速さで 10 秒間に 5.0 回転する物体がある。

(1) 円運動の周期は何 s か。

(2) 円運動の回転数は何 Hz か。

🍽 解くための材料

周期と回転数の関係

$$f = \frac{1}{T} \quad \begin{cases} 回転数\ f\,\text{[Hz]} \\ 周期\ T\,\text{[s]} \end{cases}$$

🍳 **解き方** ●

　1 回転するのに要する時間を周期，1 秒間に回転する回数を回転数といいます。周期と回転数は逆数の関係にあります。

(1) 5.0 回転するのに 10 秒間かかることから，1 回
転あたりの時間を求めます。周期 T [s] は，

$$T = \frac{10}{5.0} = 2.0\ \text{s} \qquad \textbf{2.0 s}\cdots\text{答}$$

(2) 周期と回転数の関係から，回転数
f [Hz] は，

$$f = \frac{1}{T} = \frac{1}{2.0} = 0.50\ \text{Hz}$$

0.50 Hz ⋯⋯答

> 回転数の単位〔Hz〕は
> ヘルツと読むよ。

別解

(2) 10秒間に 5.0回転することから，1 秒間あたりの
回転する回数を求めます。

$$f = \frac{5.0}{10} = 0.50\ \text{Hz}$$

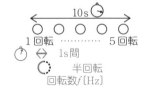

46 等速円運動（周期と角速度，速度）

問題 レベル ★★★

前ページの問題45について，次の各問に答えよ。ただし，円周率を
$\pi = 3.1$ とする。

(1) 円運動の角速度は何 rad/s か

(2) 円運動の速度は何 m/s か。

🍴 解くための材料

周期と角速度，速度の関係

$$\omega = \frac{2\pi}{T}, \quad v = r\omega = \frac{2\pi r}{T} \quad \begin{cases} \text{角速度} \omega\,[\text{rad/s}], \ \text{周期} \ T\,[\text{s}] \\ \text{速さ} v\,[\text{m/s}], \ \text{半径} \ r\,[\text{m}] \end{cases}$$

🍳 解き方

(1) 問題45で求めた周期 $T = 2.0$ s を用いて，角速度 ω [rad/s] を求めます。

$$\omega = \frac{2\pi}{T} = \frac{2 \times 3.1}{2.0} = 3.1 \ \text{rad/s}$$

3.1 rad/s……答

(2) 速さの式に代入します。
$$v = r\omega = 0.50 \times 3.1 = 1.\overset{6}{5}5 \ \text{m/s}$$

設問で問われているのは速度なので，向きも答えます。速度の向きは円の接線方向になります。

円の接線方向に1.6 m/s……答

別解

(2) 周期との関係式から求めることもできます。

$$v = \frac{2\pi r}{T} = \frac{2 \times 3.1 \times 0.50}{2.0} = 1.\overset{6}{5}5 \ \text{m/s}$$

円周率をπにする場合の
答えは？

（1）π rad/s，
（2）0.50π m/s
だね。

力 学

47 等速円運動（加速度）

レベル ★★★

問題

物体が半径 1.0 m の円周上を周期 2.0 s で等速円運動をしている。ただし，円周率を $\pi=3.1$ とする。

(1) 円運動の角速度は何 rad/s か

(2) 円運動の速さは何 m/s か。

(3) 円運動の加速度は何 m/s^2 か。

🍴 解くための材料

等速円運動の加速度

$$a = v\omega = r\omega^2 = \frac{v^2}{r}$$

加速度の大きさ a 〔m/s^2〕
速さ v 〔m/s〕，角速度 ω 〔rad/s〕
半径 r 〔m〕

🍳 **解き方**

　等速円運動の速さは一定ですが，運動の向きが常に変化しており，物体には円の中心に向かう加速度が生じています。この加速度を向心加速度といいます。

(1) 角速度 ω 〔rad/s〕は，式に代入して，

$$\omega = \frac{2\pi}{T} = \frac{2\times3.1}{2.0} = 3.1 \text{ rad/s}$$

(2) 速さ v 〔m/s〕は，

$$v = r\omega = 1.0\times3.1 = 3.1 \text{ m/s}$$

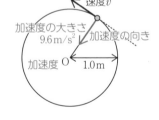

(3) 加速度の大きさ a 〔m/s^2〕は，式に代入して，

$$a = v\omega = 3.1\times3.1 = 9.61 \text{ m/s}^2$$

　加速度を答えるので，向きと大きさを答えます。加速度の向きは円の中心に向かう向きになります。

(1) **3.1 rad/s**　(2) **3.1 m/s**

(3) **円の中心に向かう向きに 9.6 m/s^2 ……答**

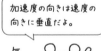

加速度の向きは速度の向きに垂直だよ。

気をつけて！

48 等速円運動（向心力 <ruby>こうしんりょく</ruby>）

問題　　　　　　　　　　　　　　　　　　レベル ★★★

前ページの問題47で，物体の質量が 2.0 kg のとき，物体が受ける向心力は何 N か。

🍳 解くための材料

等速円運動の向心力

$$F=ma=mv\omega=mr\omega^2=m\frac{v^2}{r}$$

向心力の大きさ F〔N〕，質量 m〔kg〕
加速度の大きさ a〔m/s^2〕
速さ v〔m/s〕，角速度 ω〔rad/s〕
半径 r〔m〕

解き方

　等速円運動をしている物体に加速度が生じているということは，この物体は力を受けています。この力のことを向心力といいます。向心力の大きさは運動方程式から求められ，向心力の向きは加速度と同じ向きで円の中心に向かう向きです。

　前問47(3)の加速度の値 $a=9.61$ m/s^2 を用いて，運動方程式 $ma=F$ に代入して求めます。向心力の大きさ F〔N〕は，

9.6m/s^2 ではなく，1桁多くとった 9.61m/s^2 を代入します

$$F=ma$$
$$=2.0\times9.61=19.22\text{ N}$$

向心力の向きは加速度の向きと同じ向きですから，円の中心に向かう向きになります。

円の中心に向かう向きに 19 N……答

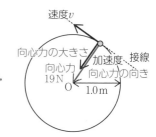

速度 v
向心力の大きさ
19 N
向心力
O　1.0m
向心力の向き
加速度・接線
加速度
向心力の向き

別解

　加速度を使わないで求めます。

$$F=mr\omega^2=2.0\times1.0\times3.1^2=19.22\text{ N}$$
$$F=m\frac{v^2}{r}=2.0\times\frac{3.1^2}{1.0}=19.22\text{ N}$$

！ 運動方程式

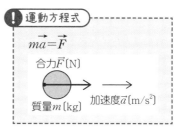

$$\vec{ma}=\vec{F}$$

合力 $\vec{F}$〔N〕

質量 m〔kg〕　　加速度 $\vec{a}$〔m/s^2〕

49 慣性力（エレベーター内のばねばかり）

問題

エレベーターの中に天井からばねばかりをつるし，ばねばかりに質量 1.0 kg の物体をつるした。このエレベーターが下向きに 0.50 m/s^2 の加速度で運動しているとき，ばねばかりが示す目盛りは何 N か。ただし，重力加速度の大きさを 9.8 m/s^2 とする。

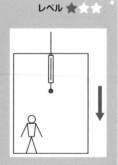

🍽 解くための材料

慣性力

$$\vec{f} = -m\vec{a} \quad \begin{cases} \text{慣性力 } \vec{f}\,\text{(N)，質量 } m\,\text{(kg)} \\ \text{観測者の加速度 } \vec{a}\,\text{(m/s}^2\text{)} \end{cases}$$

観測者が加速度運動をしていることにより現れる見かけの力のことを慣性力といいます。慣性力は加速度の向きと逆向きにはたらきます。

エレベーターは下向きの加速度で運動するので，慣性力は大きさが ma（N）で向きは上向きです。物体は，

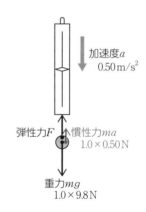

加速度 a
0.50 m/s^2

弾性力 F　　慣性力 ma
1.0×0.50 N

重力 mg
1.0×9.8 N

$$\begin{cases} \text{弾性力：上向きに } F \leftarrow \text{目盛りに示されます} \\ \text{重力：下向きに } mg \\ \text{慣性力：上向きに } ma \end{cases}$$

を受けて，エレベーター内の観測者からは 3 力がつり合って静止しているように見えます。

つり合いの式から弾性力 F（N）は，

$$\begin{aligned} F &= mg - ma \\ &= 1.0 \times 9.8 - 1.0 \times 0.50 \\ &= 9.3\ \text{N} \end{aligned}$$

9.3 N ⋯⋯ 答

❗ 慣性系と非慣性系

- 観測者が加速度運動をしていないとき
  →慣性系にある。
- 観測者が加速度運動をしているとき
  →非慣性系にある。

力 学

50 慣性力（電車内の振り子）

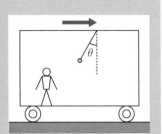

問題　レベル ★★☆

2.0 m/s^2 の加速度で進む電車の天井から質量 0.40 kg の物体を糸でつるした。重力加速度の大きさを 9.8 m/s^2 とする。

(1) 慣性力の大きさは何 N か。

(2) 糸が鉛直方向から θ 傾いて物体が静止しているように見えたとき，$\tan\theta$ を求めよ。

🍽 解くための材料

慣性力

$$\vec{f} = -m\vec{a} \quad \begin{cases} \text{慣性力 } \vec{f} \text{〔N〕,　質量 } m \text{〔kg〕} \\ \text{観測者の加速度 } \vec{a} \text{〔m/s}^2\text{〕} \end{cases}$$

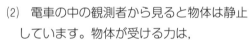

解き方

(1) 慣性力は電車の進行方向と逆向きにはたらきます。右向きを正として，

　　　加速度と逆向きの意味

$$f = -ma = -0.40 \times 2.0 = -0.80 \text{ N} \qquad \textbf{0.80 N} \cdots\text{答}$$

(2) 電車の中の観測者から見ると物体は静止しています。物体が受ける力は，

$$\begin{cases} \text{張力　：鉛直方向と } \theta \text{ の向きに } T \\ \text{重力　：下向きに } mg \\ \text{慣性力：左向きに } ma \end{cases}$$

です。水平方向と鉛直方向について力のつり合いの式を立てます。

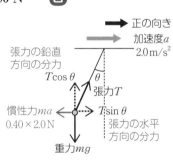

正の向き

加速度 a　2.0 m/s^2

張力の鉛直方向の分力 $T\cos\theta$

張力 T

慣性力 ma　0.40×2.0 N

$T\sin\theta$

張力の水平方向の分力

重力 mg

$$\begin{cases} \text{水平方向}\quad T\sin\theta - ma = 0 \qquad T\sin\theta = ma \quad \cdots① \\ \text{鉛直方向}\quad T\cos\theta - mg = 0 \qquad T\cos\theta = mg \quad \cdots② \end{cases}$$

$\dfrac{①}{②}$ より，$\dfrac{T\sin\theta}{T\cos\theta} = \dfrac{ma}{mg}$

整理して，$\tan\theta = \dfrac{a}{g} = \dfrac{2.0}{9.8} = 0.204\cdots$　　$\boldsymbol{\tan\theta \fallingdotseq 0.20}\cdots$答

51 遠心力

問題

72 km/h で半径 100 m のカーブをまわっている車の中に質量 50 kg の人が乗っている。

(1) この人が受ける向心力の大きさは何 N か。

(2) この人が受ける遠心力は何 N か。

🍽 解くための材料

等速円運動の遠心力

$$f = ma = mv\omega = mr\omega^2 = m\frac{v^2}{r}$$

$\begin{cases} 遠心力の大きさ\ f\,[\mathrm{N}],\ 質量\ m\,[\mathrm{kg}] \\ 加速度の大きさ\ a\,[\mathrm{m/s^2}] \\ 速さ\ v\,[\mathrm{m/s}],\ 角速度\ \omega\,[\mathrm{rad/s}] \\ 半径\ r\,[\mathrm{m}] \end{cases}$

解き方

　観測者が物体とともに円運動をしているとき，物体が受ける見かけの力（慣性力）のことを遠心力といいます。遠心力は向心力と同じ大きさで，向きは円の中心から外へ遠ざかる向きです。

(1) はじめに，時速を秒速に直します。

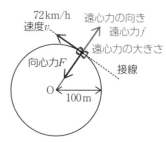

$$72\,\mathrm{km/h} = 20\,\mathrm{m/s} \quad 時速 \to 秒速\,(3.6で割ります)$$

向心力の大きさ F [N] は，

$$F = m\frac{v^2}{r} = 50 \times \frac{20^2}{100}$$

$$= 200 = 2.0 \times 10^2\,\mathrm{N}$$

$2.0 \times 10^2\,\mathrm{N}$……答

(2) 車内で等速円運動をしている観測者は，向心力 F と遠心力 f を受けて，2力がつり合って静止しています。つり合いの式 $F - f = 0$ より，遠心力 f は，

$$f = F = 2.0 \times 10^2\,\mathrm{N}$$

向きは，円の中心から遠ざかる向きになります。

円の中心から遠ざかる向きに $2.0 \times 10^2\,\mathrm{N}$……答

慣性力は見かけの力だから，反作用の力はないよ。

52 円すい振り子

問題

レベル ★★☆

長さ l [m] の糸に質量 m [kg] のおもりをつけ，O を中心として水平面内で円運動をさせた。糸が鉛直方向となす角は θ であった。

(1) 物体が受ける向心力の大きさ F を求めよ。

(2) 回転の角速度 ω を求めよ。

🍽 解くための材料

等速円運動の加速度

$$a = v\omega = r\omega^2 = \frac{v^2}{r}$$

$\begin{cases} \text{加速度の大きさ } a \text{ [m/s}^2\text{]}, \quad \text{速さ } v \text{ [m/s]} \\ \text{角速度 } \omega \text{ [rad/s]}, \quad \text{半径 } r \text{ [m]} \end{cases}$

🍳 解き方 ● ● ● ● ● ● ●

(1) 物体は重力 mg と張力 T を受け，その合力が向心力 F となります。向心力 F の大きさは，図1より，

$$\tan\theta = \frac{F}{mg} \quad \text{より，} \quad F = mg\tan\theta$$

向心力の向きは円の中心に向かう向きです。

円の中心に向かう向きに $mg\tan\theta$ ……答

(2) 向心力により加速度が生じているので，物体について運動方程式を立てます（図2）。加速度 a [m/s²] の大きさは，円運動の半径を r [m]，角速度を ω [rad/s] とすると，$a = r\omega^2$ となります。図3より，$r = l\sin\theta$ を用いて運動方程式を立て，

$$\underset{\text{加速度} a}{m \times l\sin\theta \times \omega^2} = \underset{\text{向心力} F}{mg\tan\theta}$$

角速度 ω を求めます。

$$\omega^2 = \frac{g\tan\theta}{l\sin\theta} = \frac{g}{l\cos\theta} \quad \text{より，} \quad \omega = \sqrt{\frac{g}{l\cos\theta}}$$

$$\sqrt{\frac{g}{l\cos\theta}} \quad \text{……答}$$

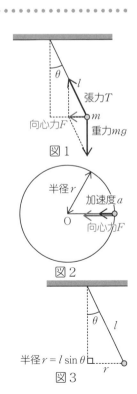

図1

図2

図3

53 円筒面内の運動

問題

0.10 kg の物体が，なめらかな半径 0.40 m の円筒面を高さ 0.40 m の点 A から静かにすべりおりた。重力加速度の大きさを 9.8 m/s² とする。

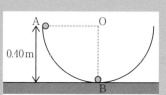

(1) 点 B での物体の速さは何 m/s か。

(2) 点 B で物体が面から受ける垂直抗力 N の大きさは何 N か。

🍴 解くための材料

円運動の加速度

$$a=\frac{v^2}{r} \quad \begin{cases} \text{加速度の大きさ } a\,(\text{m/s}^2) \\ \text{速さ } v\,(\text{m/s}),\ \text{半径 } r\,(\text{m}) \end{cases}$$

🍳 **解き方**

(1) 力学的エネルギー保存の法則から，点 A と点 B での力学的エネルギーは等しく，点 B を高さの基準にすると，

$$\frac{1}{2}mv_A{}^2+mgh_A=\frac{1}{2}mv_B{}^2+mgh_B$$

$$\underset{\text{点 A では速さが0}}{0+mgh}=\underset{\text{点 B では高さが0}}{\frac{1}{2}mv^2+0}$$

速さ v について解いて，$v=\sqrt{2gh}=\sqrt{2\times9.8\times0.40}=2.8$ m/s

2.8 m/s……**答**

(2) 点 B で物体が受ける力は，上向きに垂直抗力 N (N) と下向きに重力 mg (N) の 2 力で，この合力が向心力となります。点 B での物体について運動方程式を立て，垂直抗力 N を計算します。

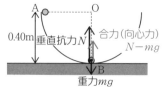

$$\underset{\text{加速度 } a}{m\times\frac{v^2}{r}}=\underset{\text{向心力 } F}{N-mg}$$

$$N=m\times\frac{v^2}{r}+mg$$

$$=0.10\times\frac{2.8^2}{0.40}+0.10\times9.8=2.94\ \text{N}$$

2.9 N……**答**

54 単振動（周期と振動数，角振動数）

問題　　　　　　　　　　　　　　　　　　　　　　レベル ★★★

x 軸上を，原点を中心として 10 秒間に 20 回の単振動をしている物体がある。ただし，円周率をπとする。

(1) 単振動の周期は何 s か。

(2) 単振動の振動数は何 Hz か。

(3) 単振動の角振動数は何 rad/s か。

🍴 解くための材料

周期と振動数，角振動数の関係

$$f = \frac{1}{T}, \quad \omega = \frac{2\pi}{T} = 2\pi f \qquad \begin{cases} 振動数\, f\,(\text{Hz}), \; 周期\; T\,(\text{s}) \\ 角振動数\, \omega\,(\text{rad/s}) \end{cases}$$

解き方 •

等速円運動している物体の正射影の運動を単振動といいます。

1 回単振動するのに要する時間を周期 T〔s〕，単位時間あたりの単振動の回数を振動数 f〔Hz〕，単振動に対応する円運動の角速度を角振動数 ω〔rad/s〕といいます。

(1) 10 秒間に 20 回単振動をするので，1 回あたりの単振動に要する時間 T は，

$$T = \frac{10}{20} = 0.50 \text{ s}$$

(2) 振動数 f と周期 T の関係より，

$$f = \frac{1}{T} = \frac{1}{0.50} = 2.0 \text{ Hz}$$

単振動の振動数は，等速円運動の回転数に相当するね。

振動数𝑓と周期𝑇は，逆数の関係にあるよ。

(3) 角振動数 ω の式に代入して，

$$\omega = \frac{2\pi}{T} = \frac{2\pi}{0.50} = 4.0\pi \text{ rad/s}$$

(1) **0.50 s**　(2) **2.0 Hz**　(3) **4.0π rad/s** ……**答**

55 単振動（変位）

問題

時刻 t〔s〕における変位 x〔m〕が $x=0.40\sin 2.0\pi t$ で表される単振動の振幅，角振動数，周期を求めよ。ただし，円周率を $\pi=3.1$ とする。

🍽 解くための材料

単振動の変位

$$x = A\sin\omega t \quad \begin{cases} \text{変位 } x\text{〔m〕，振幅 } A\text{〔m〕} \\ \text{角振動数 }\omega\text{〔rad/s〕，時間 } t\text{〔s〕} \end{cases}$$

🍳 **解き方** ･･･

単振動において，中心から振動の端までの長さを振幅といい，A〔m〕で表します。振幅 A，角振動数 ω〔rad/s〕の単振動では，t 秒後の物体の変位 x〔m〕は，

$$x=A\sin\omega t \quad \cdots ①$$

となり，単振動の式①と問題文中の式 $x=0.40\sin 2.0\pi t$ を比較すると，

$$\begin{cases} \text{振幅 } A=0.40 \text{ m} \\ \text{角振動数 }\omega=2.0\pi \text{ rad/s} \end{cases}$$

であることがわかります。$\pi=3.1$ を用いると，角振動数 ω は，

$$\begin{aligned} \omega &=2.0\pi \\ &=2.0\times 3.1=6.2 \text{ rad/s} \end{aligned}$$

となります。周期 T〔s〕は，周期と角振動数の関係式 $\omega=\dfrac{2\pi}{T}$ から求めます。

$$T=\frac{2\pi}{\omega}=\frac{2\pi}{2.0\pi}=1.0 \text{ s}$$

振幅 0.40 m，角振動数 6.2 rad/s，周期 1.0 s ⋯⋯ 答

❗ 位相 ωt〔rad〕

単振動の変位の式 $x=A\sin\omega t$ の ωt を位相という。単振動のもととなる等速円運動の中心角を表しており，物体の単振動の状態を表す。位相が 2π rad（$=360°$）進むごとに，1 回単振動が起こる。

56 単振動（変位のグラフ）

問題　　　　　　　　　　　　　　　　　レベル ★ ★ ★

x 軸上を -0.20 m から 0.20 m の間で，20秒間に 5.0 回単振動をする物体がある。物体は時刻 $t=0$ s に原点を x 軸正の向きに通過した。

(1)　単振動の周期 T は何秒か。

(2)　この単振動の x-t グラフをかけ。

📢 解くための材料

単振動の x-t グラフ

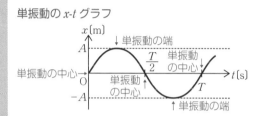

$\begin{cases} 変位\ x\,\mathrm{[m]}，振幅\ A\,\mathrm{[m]} \\ 時間\ t\,\mathrm{[s]}，周期\ T\,\mathrm{[s]} \end{cases}$

解き方 ・・・・・・・・・・・・・・・・・・・・・・・・・・・・・・・・・・・・

単振動の変位の時間変化をグラフに表すと正弦曲線になります。

(1)　20秒間に 5.0 回振動することから，周期 T は，

$$T = \frac{20}{5.0} = 4.0\ \text{s}$$

4.0 s・・・・・**答**

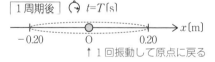

(2)　時刻 $t=0$ s で物体は原点を x 軸正の向きに通過するので，グラフは山（⌒）から正弦曲線をかきはじめます。問題文から振幅 A が 0.20 m であることがわかるので，x 軸の目盛りに 0.20 と -0.20 を入れます。(1)の結果から，時間軸（t 軸）の目盛りの周期 T を 4.0 s にします。

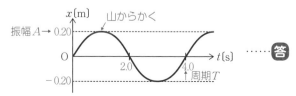

57 単振動（速度）

問題

点 O を中心に x 軸上を -0.15 m の点 A から 0.15 m の点 B の間で，周期 2.0 秒の単振動をする物体がある。ただし，円周率を $\pi = 3.1$ とする。

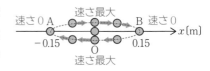

(1) 角振動数 ω は何 rad/s か。

(2) 物体の速さについて，最大となる点，最小となる点はどこか。

(3) 速さの最大値は何 m/s か。

🍴 解くための材料

単振動の速度（変位 $x = A\sin\omega t$ のとき）

$$v = A\omega\cos\omega t \quad \begin{cases} \text{速度 } v \text{〔m/s〕，振幅 } A \text{〔m〕} \\ \text{角振動数 } \omega \text{〔rad/s〕，時間 } t \text{〔s〕} \end{cases}$$

🍳 解き方 ・・・・・・・・・・・・・・・・

単振動をする物体の速さは $v = A\omega\cos\omega t$ の式で表され，速さは振動の中心で最大となり，振動の両端で 0 になります。速さの最大値は $A\omega$ です。

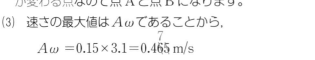

(1) 角振動数と周期の関係式に代入します。角振動数 ω は，

$$\omega = \frac{2\pi}{T} = \frac{2 \times 3.1}{2.0} = 3.1 \text{ rad/s}$$

振動の中心での速さが $A\omega$ で最大だね。

(2) 速さが最大となるのは物体が原点を通るときなので点 O です。速さが最小となるのは振動の両端の速さの向きが変わる点なので点 A と点 B になります。

(3) 速さの最大値は $A\omega$ であることから，

$$A\omega = 0.15 \times 3.1 = 0.465 \text{ m/s}$$

(1) **3.1 rad/s**　(2) **最大の点：点 O，最小の点：点 A と点 B**

(3) **0.47 m/s**

答

58 単振動（加速度）

問題

レベル ★★★

前ページの問題57について，次の各問に答えよ。

(1) 加速度の大きさについて，最大となる点，最小となる点はどこか。

(2) 加速度の大きさの最大値は何 m/s^2 か。

(3) 物体の変位が 0.050 m のときの，加速度の大きさは何 m/s^2 か。

🍲 解くための材料

単振動の加速度（変位 $x = A\sin\omega t$ のとき）

$$a = -A\omega^2 \sin\omega t = -\omega^2 x$$

$\begin{cases} \text{加速度 } a\,[m/s^2], \text{ 振幅 } A\,[m] \\ \text{角振動数 } \omega\,[rad/s], \text{ 時間 } t\,[s] \end{cases}$

解き方

単振動をする物体の加速度は，

$\begin{cases} \text{大きさ…振動の中心からの変位の大きさに比例} \\ \text{向き…振動の中心に向かう向き} \end{cases}$

になります。

(1) 加速度の大きさは振動の両端
で最大となるので，点Aと点B
が答えです。振動の中心では加
速度は0になります。最小の点
は点Oです。

加速度0

A ⟶ ⟵ B

−0.15   0.15

加速度の大きさ   O   加速度の大きさ
最大   加速度0   最大

(2) 加速度の大きさの最大値は $A\omega^2$ であることから，
$$A\omega^2 = 0.15 \times 3.1^2 = 1.44\cdots m/s^2$$

(3) 単振動の変位と加速度の関係式 $a = -\omega^2 x$ に
$x = 0.050$ m を代入して，
$$a = -\omega^2 x = -3.1^2 \times 0.050 = -0.480\cdots m/s^2$$
変位と逆向きの意味

加速度の大きさの最小
の位置と最大の位置が，
速さと逆であることを
確認しよう。

(1) **最大の点：点Aと点B，最小の点：点O**
(2) **1.4 m/s^2**　(3) **0.48 m/s^2**
……答

59 単振動（復元力）

問題

質量 1.0 kg の物体が $x = 3.0 \sin \pi t$ [m] で表される単振動をしている。
ただし，円周率を $\pi = 3.1$ とする。

(1) $x = 1.0$ m の点における加速度は何 m/s² か。

(2) (1)のとき物体にはたらく力は何 N か。

(3) 物体に最も大きな力がはたらくときの力の大きさは何 N か。

🍽 解くための材料

単振動の復元力

$$F = -Kx \quad \begin{cases} 復元力 \ F \text{[N]，変位} \ x \text{[m]} \\ 正の比例定数 \ K \quad K = m\omega^2 \end{cases}$$

 解き方

　単振動を起こす力のことを復元力といい
ます。この力は，変位 x に比例し，常に
変位と逆向きです。

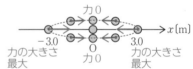

(1) 単振動の変位の式から，角振動数は
　$\omega = \pi$ rad/s であることがわかるので，これを加速度の式に代入します。

$$a = -\omega^2 x = -\pi^2 \times 1.0 = -3.1^2 \times 1.0 = \underline{-9.61} \text{ m/s}^2$$
変位と逆向きの意味

(2) 運動方程式より，力 F [N]は，
1桁多くとって代入します

$$F = ma = 1.0 \times (-9.61) = \underline{-9.61} \text{ N}$$
変位と逆向きの意味

(3) 単振動の復元力は変位に比例することから，変位 x が最大のときに復元力
の大きさも最大になります。変位 x の大きさの最大値は振幅 A です。単振動
の式から $A = 3.0$ m を用いて，復元力の最大値 F' [N]は，

$$F' = -m\omega^2 x = -1.0 \times 3.1^2 \times 3.0 = \underline{-28.8}\cdots \text{ N}$$
変位と逆向きの意味

　　(1)　-9.6 m/s²　　(2)　-9.6 N　　(3)　29 N……**答**

60 水平ばね振り子

なめらかな水平面上にばね定数が 2.7 N/m のばねを水平に置き，一端を固定し他端に 0.30 kg の物体をつけた。物体がつり合っている位置から，ばねの伸びが 0.10 m になるように物体を水平に引き，静かに放したところ物体は単振動をした。ただし，円周率を $\pi = 3.1$ とする。

(1)　物体が動き出すときの加速度の大きさは何 m/s^2 か。

(2)　このばね振り子の周期は何 s か。

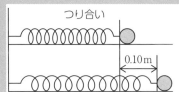

解くための材料

水平ばね振り子の単振動の周期

$$T = 2\pi\sqrt{\frac{m}{k}}$$ 　{ 周期 T 〔s〕，質量 m 〔kg〕
　ばね定数 k 〔N/m〕

解き方 •

　ばね振り子では，物体のつり合いの位置を中心に，物体は単振動をします。

(1)　物体について運動方程式を立てます。物体にはたらく単振動の復元力はばねの弾性力です。

$$ma = -kx \quad \text{ばねの弾性力}$$

復元力は負の向きの意味　　　加速度は負の向きの意味

$$a = -\frac{kx}{m} = -\frac{2.7 \times 0.10}{0.30} = -0.90 \text{ m/s}^2$$

$$\mathbf{0.90 \text{ m/s}^2} \cdots \text{答}$$

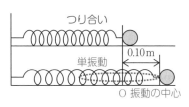

水平ばね振り子の周期は，振幅には関係しないよ。

(2)　単振動の周期の式に代入して，

$$T = 2\pi\sqrt{\frac{m}{k}} = 2 \times 3.1 \times \sqrt{\frac{0.30}{2.7}} = 2 \times 3.1 \times \sqrt{\frac{1}{9}} = 2.06 \cdots \text{s}$$

$$\mathbf{2.1 \text{ s}} \cdots \text{答}$$

67

61 鉛直ばね振り子

レベル ★★★

問題

軽いつる巻きばねの上端を固定し，下端に質量 1.0 kg のおもりをつるしたところ，ばねは 0.20 m 伸びて静止した。重力加速度の大きさを 9.8 m/s²，円周率を $\pi=3.1$ とする。

(1) ばね定数は何 N/m か。

(2) おもりをさらに 0.10 m 引き下げてから静かに放したところ，おもりは単振動をした。単振動の周期は何 s か。

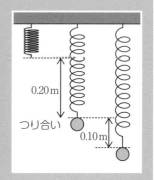

0.20 m

つり合い

0.10 m

🍴 解くための材料

鉛直ばね振り子の単振動の周期

$$T = 2\pi\sqrt{\frac{m}{k}}$$ 　周期 T〔s〕，質量 m〔kg〕
　ばね定数 k〔N/m〕

解き方 ‥‥‥‥‥‥‥‥‥‥‥‥‥‥‥‥‥‥‥‥‥‥‥

鉛直ばね振り子につるした物体は，つり合いの位置を中心に単振動をします。

(1) おもりが静止しているとき，おもりは重力 mg と弾性力 kx を受けて 2 力はつり合っています。つり合いの式 $kx-mg=0$ より，ばね定数 k について変形して，

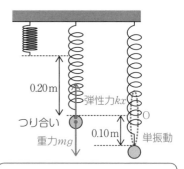

0.20 m
弾性力 kx
つり合い
重力 mg
0.10 m
単振動
O

$$k = \frac{mg}{x} = \frac{1.0 \times 9.8}{0.20} = 49 \text{ N/m}$$

49 N/m ‥‥‥ 答

物体の単振動の振幅は，ばねを伸ばしたときのつり合いの位置からの伸びの長さ！

(2) 単振動の周期の式に代入して，

$$T = 2\pi\sqrt{\frac{m}{k}} = 2 \times 3.1 \times \sqrt{\frac{1.0}{49}} = 2 \times 3.1 \times \frac{1.0}{7.0} = 0.885\cdots \text{s}$$

0.89 s ‥‥‥ 答

62 単振り子

問題

レベル ★★★

長さ 1.8 m の単振り子をつるし，小さな振幅で振らせた。重力加速度の大きさを $9.8\ \mathrm{m/s^2}$，円周率を $\pi = 3.1$ とする。

(1) この振り子の周期は何 s か。

(2) 単振り子のひもの長さを半分にすると，周期は何倍になるか。

解くための材料

単振り子の周期

$$T = 2\pi\sqrt{\frac{l}{g}} \quad \left\{ \begin{array}{l} \text{周期 } T\,(\mathrm{s})\text{，単振り子のひもの長さ } l\,(\mathrm{m}) \\ \text{重力加速度の大きさ } g\,(\mathrm{m/s^2}) \end{array} \right.$$

解き方

軽いひもに物体をつけて鉛直面内で振動させる振り子のことを単振り子といいます。重力の運動方向の分力が復元力としてはたらき，物体は単振動をします。

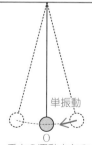

単振動

O
重力の運動方向の分力
→復元力となる

(1) 単振り子の周期の式に代入して，周期 T は，

$$T = 2\pi\sqrt{\frac{l}{g}} = 2 \times 3.1 \times \sqrt{\frac{1.8}{9.8}} = 2 \times 3.1 \times \sqrt{\frac{9 \times 0.2}{49 \times 0.2}}$$

$$= 2 \times 3.1 \times \frac{3}{7} = 2.\overset{7}{6}5\cdots\mathrm{s} \qquad \textbf{2.7 s}\cdots\cdots\text{答}$$

(2) ひもの長さを l'，ひもの長さが半分になったときの周期を T' とします。

$$\frac{T'}{T} = \frac{2\pi\sqrt{\dfrac{l'}{g}}}{2\pi\sqrt{\dfrac{l}{g}}} = \frac{2\pi\sqrt{\dfrac{\dfrac{1}{2}l}{g}}}{2\pi\sqrt{\dfrac{l}{g}}} \quad \text{ひもの長さが半分}$$

$$= \sqrt{\frac{1}{2}} = \frac{1}{\sqrt{2}} \qquad \boldsymbol{\frac{1}{\sqrt{2}}}\textbf{倍}\cdots\cdots\text{答}$$

> **! 振り子の等時性**
>
> 単振り子の周期は，振幅が小さければ振り子のひもの長さだけで決まる。おもりの質量や振幅には関係しない。

力 学

63 単振動のエネルギー

問題

なめらかな水平面上にばね定数が 5.0 N/m のばねを水平に置き，一端を固定し他端に 50 g の物体をつけた。物体がつり合っている位置から，ばねの伸びが 0.20 m になるように物体を水平に引き，静かに放したところ物体は単振動をした。

(1)　単振動の力学的エネルギーは何 J か。

(2)　振動の中心における物体の速さは何 m/s か。

⦿ 解くための材料

単振動のエネルギー

$$E = \frac{1}{2}mv^2 + \frac{1}{2}kx^2 = \text{一定}$$

力学的エネルギー E 〔J〕
質量 m 〔kg〕，速さ v 〔m/s〕
ばね定数 k 〔N/m〕，変位の大きさ x 〔m〕

解き方 ......

単振動する物体の力学的エネルギーは非保存力が仕事しなければ保存されます。

(1)　物体が振動の両端で変位が最大の瞬間，物体の速さは0となり，力学的エネルギーは，振動の両端での弾性力による位置エネルギーと等しくなります。力学的エネルギー E 〔J〕は，

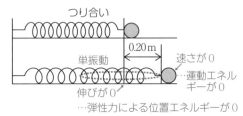

つり合い
0.20 m
速さが0
単振動
運動エネルギーが0
伸びが0
…弾性力による位置エネルギーが0

振動の両端では $x=A$
$$E = \frac{1}{2}mv^2 + \frac{1}{2}kx^2 = 0 + \frac{1}{2}kA^2 = \frac{1}{2} \times 5.0 \times 0.20^2 = 0.10 \text{ J}$$
振動の両端では $v=0$

0.10 J……**答**

(2)　力学的エネルギー保存の法則より，中心での速さ v 〔m/s〕は，

単振動のエネルギー
$$\frac{1}{2}mv^2 + 0 = 0.10 \text{ J より，} \quad v^2 = \frac{2 \times 0.10}{m}$$
振動の中心では $x=0$

よって，$v = \sqrt{\dfrac{2 \times 0.10}{m}} = \sqrt{\dfrac{2 \times 0.10}{5.0 \times 10^{-2}}} = 2.0 \text{ m/s}$
50g を kg の単位に直す

2.0 m/s……**答**

64 ケプラーの法則

問題

レベル ★★★

ケプラーの法則について書かれた次の文章の（　　）内を埋めよ。

(1) 第1法則……惑星は，太陽を1つの焦点（しょうてん）とする（　　）軌道を描いて太陽のまわりを公転している。

(2) 第2法則……惑星と太陽を結ぶ線分が単位時間に描く（　　）は一定である。

(3) 第3法則……惑星の公転周期 T の（　　）乗は，楕円（だえん）軌道の半長軸（長半径）a の（　　）乗に比例する。比例定数を k としてこの関係を式で表すと，$T^{(\ \ )} = ka^{(\ \ )}$ となる。

🍴 解くための材料

ケプラーの法則
$\left\{\begin{array}{l}\text{第1法則：楕円軌道の法則}\\\text{第2法則：面積速度一定の法則}\\\text{第3法則：調和の法則}\end{array}\right.$

🍳 解き方

(1) ケプラーの第1法則より，惑星は楕円軌道を描いて運動しています。

(2) ケプラーの第2法則より，惑星と太陽を結ぶ線分が一定時間に通過する面積のことを面積速度といいます。面積速度はそれぞれの惑星で一定となります。

(3) ケプラーの第3法則より，惑星の公転周期 T と楕円軌道の半長軸（長半径）a の間には，比例定数を k とすると，$T^2 = ka^3$ の関係があります。

(1) **楕円**　　(2) **面積**　　(3) **2，3，2，3**……答

❗ 楕円

2つの定点からの距離の和が等しい点を結んでできる曲線。この2つの定点を楕円の焦点という。

$$\mathrm{F_1P + F_2P = F_1Q + F_2Q = } \text{一定}$$

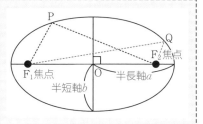

65 ケプラーの第2法則

レベル ★★★

近日点から太陽までの距離をr_1, 遠日点から太陽までの距離をr_2とする。

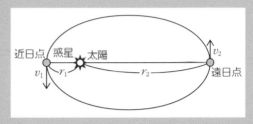

(1) 惑星の近日点での速さをv_1とするとき, 遠日点での速さv_2を求めよ。

(2) ある惑星は$r_1=0.30$天文単位, $r_2=0.45$天文単位である。近日点を通過する速さは遠日点を通過する速さの何倍か。

 解くための材料

ケプラーの第2法則（面積速度一定の法則）

$$\frac{1}{2}rv\sin\theta = 一定$$ | 太陽と惑星との距離 r [m], 速さ v [m/s]
太陽と惑星を結ぶ線分と速度とのなす角 θ

解き方 ••••••••••••••••••••••••••••••••

惑星が楕円軌道を運動するとき, 太陽に最も近づく点を近日点, 最も遠ざかる点を遠日点といいます。

(1) ケプラーの第2法則（面積速度一定の法則）$\dfrac{1}{2}rv\sin\theta = 一定$

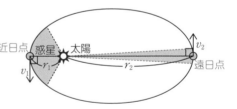

において, 近日点と遠日点では$\theta = 90°$であることから,

$$\underset{\text{近日点での面積速度}}{\frac{1}{2}r_1 v_1 \sin 90°} = \underset{\text{遠日点での面積速度}}{\frac{1}{2}r_2 v_2 \sin 90°} = 一定$$

が成り立ちます。この式を変形して, $v_2=\dfrac{r_1}{r_2}v_1$ $\dfrac{r_1}{r_2}v_1$……答

(2) (1)の結果を変形して,

$$\frac{v_1}{v_2} = \frac{r_2}{r_1} = \frac{0.45}{0.30} = 1.5 \text{倍}$$ **1.5 倍**……答

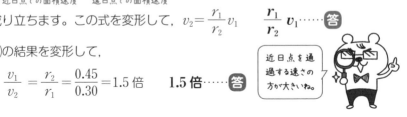

近日点を通過する速さの方が大きいね。

66 ケプラーの第3法則

問題　　　　　　　　　　　　　　　　　　　　　レベル ★★★

ハレー彗星（すいせい）は，太陽を1つの焦点とする楕円軌道を運動している。ハレー彗星の運動する楕円軌道の半長軸（長半径）は18天文単位である。ハレー彗星の公転周期は何年か。地球の半長軸を1.0天文単位，公転周期は1.0年であることを用いよ。ただし，$\sqrt{2}=1.4$ とする。

🍴 解くための材料

ケプラーの第3法則（調和の法則）

$\dfrac{T^2}{a^3}=k$ $\begin{cases} \text{公転周期 } T\,(\text{s}),\ \text{軌道の半長軸 } a\,(\text{m}) \\ \text{定数 } k \end{cases}$

🍳 解き方

ケプラーの第3法則より，2つの惑星の軌道の半長軸（長半径）を a_1，a_2，公転周期を T_1，T_2 とすると，

$$\dfrac{T_1{}^2}{a_1{}^3}=\dfrac{T_2{}^2}{a_2{}^3}=k$$

が成り立ちます。

> **！ 天文単位**
> 地球の公転軌道の半長軸 1.5×10^{11} m を1天文単位とする。

ハレー彗星の公転周期を T_1，楕円軌道の半長軸を a_1，地球の公転周期を T_2，楕円軌道の半長軸を a_2 とすると，

$$\underset{\text{ハレー彗星}}{\dfrac{T_1{}^2}{a_1{}^3}}=\underset{\text{地球}}{\dfrac{T_2{}^2}{a_2{}^3}}=k$$

となることから，ハレー彗星の公転周期 T_1 は，

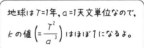

地球は $T=1$ 年，$a=1$ 天文単位なので，k の値 $\left(=\dfrac{T^2}{a^3}\right)$ はほぼ1になるよ。

$$T_1{}^2=\dfrac{a_1{}^3}{a_2{}^3}T_2{}^2=\dfrac{18^3}{1.0^3}\times1.0^2=18^3$$

$$T_1=\sqrt{18^3}=\sqrt{(2\times3^2)^3}=\sqrt{2^3\times\boxed{(3^3)^2}}=2\sqrt{2}\times3^3$$

$(3^2)^3=3^6=(3^3)^2$ の変形をして，$\sqrt{\ }$ を開きます

$$=54\sqrt{2}=54\times1.4=\overset{6}{75.\rlap{/}6}\ \text{年}$$

76年……**答**

67 万有引力

問題

レベル ★★★

次の(1), (2)の万有引力の大きさは何 N か。万有引力定数を
$6.7 \times 10^{-11} \, N \cdot m^2 / kg^2$ とする。

(1) 質量 50 kg の人と 40 kg の人が 1.0 m 離れているとき。

(2) 質量 2.0×10^{30} kg の太陽と 6.0×10^{24} kg の地球が 1.5×10^{11} m 離れているとき。

🍴 解くための材料

万有引力

$$F = G \frac{Mm}{r^2}$$

$\begin{cases} \text{万有引力の大きさ } F \, (N) \\ \text{質量 } M \, (kg), \ m \, (kg), \ \text{距離 } r \, (m) \\ \text{万有引力定数 } G \, (N \cdot m^2 / kg^2) \end{cases}$

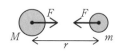

🍳 解き方

　質量をもつすべての物体の間には引力がはたらき，この引力を万有引力といいます。万有引力の大きさはそれぞれの質量の積に比例し，物体間の距離の2乗に反比例します。これを万有引力の法則といいます。

　万有引力の法則の式に代入します。

(1) $F = G \dfrac{Mm}{r^2} = 6.7 \times 10^{-11} \times \dfrac{50 \times 40}{1.0^2} = 1.34 \times 10^{-7}$

　　$\fallingdotseq 1.3 \times 10^{-7} \, N$

　　$1.3 \times 10^{-7} \, N$ ……答

> 質量のある物体は，あらゆる物体どうしで引き合うよ。

(2) $F = G \dfrac{Mm}{r^2} = 6.7 \times 10^{-11} \times \dfrac{2.0 \times 10^{30} \times 6.0 \times 10^{24}}{(1.5 \times 10^{11})^2}$

　　$= 3.57 \cdots \times 10^{22}$

　　$\fallingdotseq 3.6 \times 10^{22} \, N$

　　$3.6 \times 10^{22} \, N$ ……答

r^2 の計算に注意
$1.5^2 \times 10^{22}$ になります

❗ 万有引力と距離

大きさのある物体どうしの間の万有引力は，物体の重心間の距離を r と考える。この問題では，人と人の重心間が1.0 m という意味である。

68 万有引力と重力

問題

レベル ★★☆

周期 T〔s〕で地球が軸を中心に回転しているとする。地球の半径を R〔m〕，質量を M〔kg〕，万有引力定数を G〔N·m²/kg²〕，円周率を π とする。

(1) 質量 m〔kg〕の物体が北極点にあるとき，物体が受ける重力の大きさ W を求めよ。

(2) (1)と同じ物体が赤道上にあるとき，物体が受ける重力の大きさ W' を求めよ。

🍴 解くための材料

重力

$$g = \frac{GM}{R^2}$$

- 重力加速度の大きさ g〔m/s²〕
- 地球の質量 M〔kg〕，地球の半径 R〔m〕
- 万有引力定数 G〔N·m²/kg²〕

解き方

地球上の物体にはたらく重力は，地球の自転による遠心力と地球と物体の間ではたらく万有引力の２力の合力です。

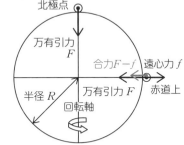

(1) 北極点では物体は回転軸上にあるため遠心力がはたらかないので，物体が受ける重力は万有引力と等しくなります。万有引力の式に代入して，

$$W = G\frac{Mm}{R^2} \qquad \boldsymbol{G\frac{Mm}{R^2}} \cdots\cdots 答$$

(2) 赤道上では，物体は遠心力と万有引力の２力を受け，この合力が重力となります。物体が受ける遠心力は $f = mR\omega^2$ です。角速度 $\omega = \dfrac{2\pi}{T}$ を代入して，

ここに代入

$$f = mR\omega^2 = mR\left(\frac{2\pi}{T}\right)^2 = \frac{4\pi^2 mR}{T^2}$$

遠心力について P58 ▶

万有引力 F と遠心力 f は逆向きであることから，重力 W' は，

万有引力

$$W' = F - f = G\frac{Mm}{R^2} - \frac{4\pi^2 mR}{T^2} \qquad \boldsymbol{G\frac{Mm}{R^2} - \frac{4\pi^2 mR}{T^2}} \cdots\cdots 答$$

遠心力

69 万有引力による位置エネルギー

問題

質量 m [kg] の物体が地表面にある。地球の半径を R [m]，質量を M [kg]，万有引力定数を G [N·m^2/kg^2]，無限遠を基準とする。

(1) この物体の万有引力による位置エネルギー U を求めよ。

(2) この物体を地表面より高さ h [m] の位置に置いた。万有引力による位置エネルギー U' を求めよ。

(3) 地表面から h [m] 高い位置に物体を置いたときの万有引力による位置エネルギーの変化量 ΔU を求めよ。

🍴 解くための材料

万有引力による位置エネルギー

$$U = -G\frac{Mm}{r}$$

$\begin{cases} 万有引力による位置エネルギー U \text{ [J]} \\ 質量 M \text{ [kg]}, m \text{ [kg]}, 2 物体間の距離 r \text{ [m]} \\ 万有引力定数 G \text{ [N·m}^2\text{/kg}^2\text{]} \end{cases}$

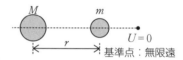

基準点：無限遠

🍳 解き方

(1) 万有引力の位置エネルギーの式に代入して，

無限遠を基準にしています

$$U = -G\frac{Mm}{R}$$

(2) 高さ h [m] なので，中心からの距離は $(R+h)$ [m] です。

$$U' = -G\frac{Mm}{R+h}$$

ここに代入

(3)
$$\Delta U = U' - U = -G\frac{Mm}{R+h} - \left(-G\frac{Mm}{R}\right) = GMm\left(-\frac{1}{R+h} + \frac{1}{R}\right)$$

h だけ高いとき　　地表面のとき

通分します

$$= GMm\left\{\frac{-R+R+h}{R(R+h)}\right\} = \frac{GMmh}{R(R+h)}$$

(1) $-G\dfrac{Mm}{R}$　　(2) $-G\dfrac{Mm}{R+h}$　　(3) $\dfrac{GMmh}{R(R+h)}$ ……**答**

70 万有引力と人工衛星

問題

レベル ★★☆

地表から高さ h [m] の円軌道を質量 m [kg] の人工衛星が運動している。地球の半径を R [m]，地球の質量を M [kg]，万有引力定数を G [N m²/kg²] とする。

(1) 人工衛星の速さを v [m/s] として，人工衛星について運動方程式を立てよ。

(2) 人工衛星の速さ v を求めよ。

🍴 解くための材料

人工衛星の運動方程式

$$m\frac{v^2}{r}=G\frac{Mm}{r^2}$$

人工衛星の速さ v [m/s]，距離 r [m]
地球の質量 M [kg]，人工衛星の質量 m [kg]
万有引力定数 G [N·m²/kg²]

🍳 解き方

人工衛星の円運動の向心力は万有引力です。

(1) 人工衛星までの距離 $(R+h)$ [m] を軌道半径として，速さ v で回転運動をする人工衛星の加速度 a は，

$$a=\frac{v^2}{r}=\frac{v^2}{R+h}$$ 人工衛星の軌道の半径です

です。これを運動方程式 $ma=F$ に代入します。

加速度 $m\dfrac{v^2}{R+h}=G\dfrac{Mm}{(R+h)^2}$ 向心力（万有引力）

$$m\frac{v^2}{R+h}=G\frac{Mm}{(R+h)^2}\cdots\cdots 答$$

(2) (1)の運動方程式を速さ v について変形します。

$$v^2=\frac{GM}{R+h}$$

より，$v=\sqrt{\dfrac{GM}{R+h}}$ $\sqrt{\dfrac{GM}{R+h}}\cdots\cdots 答$

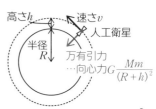
高さ h 速さ v
人工衛星
半径 R 万有引力
…向心力 $G\dfrac{Mm}{(R+h)^2}$

等速円運動の加速度は P54

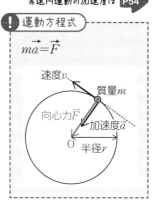
❗ 運動方程式
$$m\vec{a}=\vec{F}$$
速度 v
質量 m
向心力 $\vec{F}$
加速度 $\vec{a}$
O 半径 r

71 第1宇宙速度

地表面から物体を打ち出したときに，地表面すれすれの高さで物体が等速円運動するために必要な速さ（第1宇宙速度）を求めよ。重力加速度の大きさを $9.8\,\mathrm{m/s^2}$，地球の半径を $6.4\times10^6\,\mathrm{m}$，$\sqrt{2}=1.4$ とする。

> **🍳 解くための材料**
>
> 第1宇宙速度
>
> $$v=\sqrt{gR}$$
>
> $\begin{cases} \text{第1宇宙速度 } v\,\mathrm{(m/s)}，\text{地球の半径 } R\,\mathrm{(m)} \\ \text{重力加速度の大きさ } g\,\mathrm{(m/s^2)} \end{cases}$

🍳 解き方

万有引力を向心力として円運動をする物体の速さは，問題70で学習したように，

$$v=\sqrt{\frac{GM}{R+h}} \underset{\text{地表面からhの高さ}}{}$$

となります。地表面すれすれでは $h=0\,\mathrm{m}$ となり，

$$v=\sqrt{\frac{GM}{R}} \underset{\text{地表面近くの高さ}}{}\cdots①$$

また，地表面近くでは万有引力は重力と等しいので，

$$\underset{\text{重力}}{mg}=G\frac{Mm}{R^2}\underset{\text{地表面近くでの万有引力}}{}$$

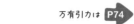 万有引力は **P74**

> 第1宇宙速度で物体を打ち出すと，地球のまわりを円運動するよ。

が成り立ち，これを変形して，$GM=gR^2$ を①式に代入します。

$$\overset{\text{ここに代入}}{v}=\sqrt{\frac{GM}{R}}=\sqrt{\frac{gR^2}{R}}=\sqrt{gR}$$

$$=\sqrt{9.8\times6.4\times10^6}$$

$$=\sqrt{2\times7^2\times8^2\times10^4} \quad \leftarrow 2乗の形にして$$
$$\sqrt{}\text{を開きます}$$

$$=\sqrt{2}\times7\times8\times10^2$$

$$=1.4\times56\times10^2$$

$$=7.84\times10^3\,\mathrm{m/s}$$

$$\boxed{7.8\times10^3\,\mathrm{m/s}}\cdots\cdots\text{答}$$

 地表面での重力は **P75**

72 静止衛星

問題

レベル ★★☆

地球の静止衛星について答えよ。

(1) 静止衛星の公転周期 T は何 s か。

(2) 静止衛星の角速度 ω は何 rad/s か。円周率を $\pi=3.1$ とせよ。

(3) 静止衛星の軌道半径は何 m か。地球の質量を 6.0×10^{24} kg，万有引力定数を 6.7×10^{-11} N·m^2/kg^2，$\sqrt[3]{77.9}=4.27$ とする。

🍲 解くための材料

人工衛星の運動方程式

$$mr\omega^2=G\frac{Mm}{r^2}$$
$\begin{cases} \text{質量 } M\,[\text{kg}],\ m\,[\text{kg}],\ \text{軌道半径 } r\,[\text{m}] \\ \text{角速度 } \omega\,[\text{rad/s}],\ \text{万有引力定数 } G\,[\text{N·m}^2/\text{kg}^2] \end{cases}$

解き方

地球の自転と同じ周期で等速円運動をしている人工衛星を静止衛星といいます。

(1) 静止衛星の周期は地球の自転の周期と同じです。1日1回地球をまわるので，周期 T [s] は，　単位を秒に直します

$$T=24\times60\times60=8.64\times10^4\fallingdotseq8.6\times10^4 \text{ s}$$

(2) 周期と角速度の関係式に代入して，
　　1桁多くとります

$$\omega=\frac{2\pi}{T}=\frac{2\times3.1}{8.64\times10^4}=7.1\overset{2}{7}5\cdots\times10^{-5}\fallingdotseq7.2\times10^{-5} \text{ rad/s}$$

地上の人から見ると，静止衛星は上空に静止しているように見えるね。

(3) 人工衛星の向心力となるのは万有引力です。軌道半径 r [m] の静止衛星について運動方程式を立てて解きます。

$$m\,\underset{\text{加速度}}{r\omega^2}=\underset{\text{万有引力}}{G\frac{Mm}{r^2}}$$

より，$r^3=\dfrac{GM}{\omega^2}=\dfrac{6.7\times10^{-11}\times6.0\times10^{24}}{(7.18\times10^{-5})^2}\fallingdotseq7.79\times10^{22}$
　　　　　　　　　　　1桁多くとります　　　　3の倍数にします

$$r=\sqrt[3]{7.79\times10^{22}}=\sqrt[3]{77.9\times10^{21}}=\sqrt[3]{77.9}\times10^7=4.2\overset{3}{7}\times10^7\fallingdotseq4.3\times10^7 \text{ m}$$

(1) 8.6×10^4 s　　(2) 7.2×10^{-5} rad/s　　(3) 4.3×10^7 m ……答

73 第2宇宙速度

問題   レベル ★★☆

地表から真上に向かって飛び出した物体が無限の遠くに到達するための最小速度の大きさ v_0[m/s] を求めよ。地球の半径を 6.4×10^6 m, 重力加速度の大きさを 9.8 m/s^2 とする。

🍴 解くための材料

第2宇宙速度

$$v = \sqrt{2gR}$$
$\begin{cases} \text{第2宇宙速度 } v\,[\text{m/s}], \text{ 地球の半径 } R\,[\text{m}] \\ \text{重力加速度の大きさ } g\,[\text{m/s}^2] \end{cases}$

🍳 解き方 ‥‥‥‥‥‥‥‥‥‥‥‥‥‥‥‥‥

物体が地球から飛び出したとき，再び地球上に戻ってこない最小速度の大きさを第2宇宙速度といいます。

物体は万有引力のみを受けているので力学的エネルギー保存の法則が成り立ちます。地球の半径 R，質量 M，物体の質量 m，万有引力定数 G を用いて，

地表を飛び出すときの
力学的エネルギー $\underline{\dfrac{1}{2}mv_0{}^2 + \left(-G\dfrac{Mm}{R}\right)} = \dfrac{1}{2}mv^2 + \underline{\left(-G\dfrac{Mm}{r}\right)}$ r[m] 離れた点での
力学的エネルギー

①右辺について，無限遠で位置エネルギーが0になったときに②運動エネルギーをもっていればよいので，①の条件 $-G\left(\dfrac{Mm}{r}\right) = 0$ と②の条件 $\dfrac{1}{2}mv^2 \geqq 0$ より，

$$\dfrac{1}{2}mv_0{}^2 + \left(-G\dfrac{Mm}{R}\right) = \dfrac{1}{2}mv^2 + \underset{\text{①の条件}}{\overset{\text{②の条件}}{0}} \geqq 0$$

よって， $\dfrac{1}{2}mv_0{}^2 + \left(-G\dfrac{Mm}{R}\right) \geqq 0$

これを変形して， v_0 について解きます。 $GM = gR^2$ を使って変形します

$$\dfrac{1}{2}mv_0{}^2 \geqq G\dfrac{Mm}{R} \text{ より，} \quad v_0{}^2 \geqq \dfrac{2GM}{R} = \dfrac{2gR^2}{R} = 2gR$$

$v_0 \geqq \sqrt{2gR} = \sqrt{2 \times 9.8 \times 6.4 \times 10^6} = \sqrt{2^2 \times 7^2 \times 8^2 \times 10^4}$ ←2乗の形にして $\sqrt{}$ を開きます

$\qquad = 2 \times 7 \times 8 \times 10^2 = 1.12 \times 10^4 \fallingdotseq 1.1 \times 10^4$ m/s

したがって， $v_0 \geqq 1.1 \times 10^4$ m/s   **1.1×10^4 m/s**……答

熱

1 圧 力

レベル ★★★

図のように，軽いピストンのついたシリンダー容器の中に空気を閉じ込め，質量 5.0 kg のおもりをピストンの上にのせた。ピストンの断面積は 10 cm² である。シリンダー内の空気の圧力 p は何 Pa か。ただし，大気圧 p_0 を 1.0×10^5 Pa，重力加速度の大きさを 9.8 m/s² とせよ。

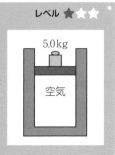

5.0 kg

空気

🍽 **解くための材料**

圧力

$$p = \frac{F}{S}$$

$\begin{cases} \text{圧力 } p \text{〔Pa〕} \\ \text{面を垂直に押す力 } F \text{〔N〕} \\ \text{断面積 } S \text{〔m²〕} \end{cases}$

🍳 **解き方** ● ● ● ● ● ● ● ● ● ● ● ● ● ● ● ●

面が単位面積あたりに垂直に受ける力の大きさのことを圧力といいます。密閉した容器の中に気体を入れると，<u>気体分子は不規則に容器内を飛び，器壁にぶつかり器壁に力を加えます。</u>この力の圧力を気体の圧力といいます。

ピストンが静止しているときに受ける力は図のようになります。ピストンについて力のつり合いの式を立てると，

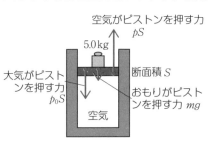

空気がピストンを押す力
pS

5.0 kg

大気がピストンを押す力
p_0S

断面積 S

おもりがピストンを押す力 mg

空気

$$pS = p_0 S + mg$$

となるので，両辺を S で割って値を代入します。

$$p = p_0 + \frac{mg}{S} = 1.0 \times 10^5 + \frac{5.0 \times 9.8}{10 \times 10^{-4}} \quad \text{単位を〔m²〕に直します}$$

$$= 1.0 \times 10^5 + 4.9 \times 10^4 = 1.49 \times 10^5 \fallingdotseq 1.5 \times 10^5 \text{ Pa}$$

1.5×10^5 Pa …… 答

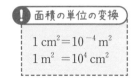

❗ **面積の単位の変換**

$1 \text{ cm}^2 = 10^{-4} \text{ m}^2$
$1 \text{ m}^2 = 10^4 \text{ cm}^2$

2 ボイルの法則

 問題

レベル ★★★

圧力 $4.0×10^5$ Pa，体積 $1.0×10^{-2}$ m³ の気体の温度を一定に保ちながら，体積を $5.0×10^{-3}$ m³ にした。このときの気体の圧力は何 Pa か。

🍴 解くための材料

ボイルの法則

$$p_1 V_1 = p_2 V_2 = 一定$$

はじめの状態　あとの状態

$\begin{cases} はじめの状態の気体の圧力 p_1[Pa]，体積 V_1[m³] \\ あとの状態の気体の圧力 p_2[Pa]，体積 V_2[m³] \end{cases}$

 解き方

温度が一定のとき，質量が一定の気体の体積 V は，圧力 p に反比例します。これをボイルの法則といいます。

手順1
式に代入する量と単位を確認する

はじめの状態		あとの状態
圧力 $p_1 = 4.0×10^5$ Pa 体積 $V_1 = 1.0×10^{-2}$ m³	温度一定 →	圧力 p_2[Pa] 体積 $V_2 = 5.0×10^{-3}$ m³

手順2
式に代入して計算する

温度と質量が一定なので，ボイルの法則を使います。

$p_1 V_1 = p_2 V_2$ より，

$$4.0×10^5 × 1.0×10^{-2} = p_2 × 5.0×10^{-3}$$

はじめの状態　　　　　　あとの状態

$$p_2 = 8.0×10^5 \text{ Pa}$$

$8.0×10^5$ Pa……**答**

体積が半分になったら，気体分子の衝突回数が2倍に増えるね。

〈温度と質量が一定のとき〉

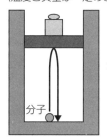

分子は1回衝突

分子

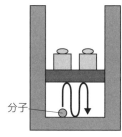

分子

体積が半分になると，分子は2回衝突
→圧力は2倍になる

3 シャルルの法則

問題

温度が 27℃ で体積が 3.0 m³ の一定量の気体を，圧力を変えずに温度を87℃にした。体積は何 m³ になるか。

🍴 解くための材料

シャルルの法則

$$\frac{V_1}{T_1} = \frac{V_2}{T_2} = 一定$$

はじめの状態　あとの状態

はじめの状態の気体の絶対温度 T_1〔K〕，
体積 V_1〔m³〕
あとの状態の気体の絶対温度 T_2〔K〕，
体積 V_2〔m³〕

 解き方

圧力が一定のとき，質量が一定の気体の体積 V は，絶対温度 T に比例します。これをシャルルの法則といいます。

 手順1

式に代入する量と単位を確認する

はじめの状態　　　　絶対温度に直します　　　あとの状態

はじめの状態	あとの状態
温度 $T_1 = 27℃ = (27+273)$ K	温度 $T_2 = 87℃ = (87+273)$ K
体積 $V_1 = 3.0$ m³	体積 V_2〔m³〕

圧力一定

手順2

式に代入して計算する

圧力と質量が一定なので，シャルルの法則を使います。

$$\frac{V_1}{T_1} = \frac{V_2}{T_2} より，$$

$$\frac{3.0}{27+273} = \frac{V_2}{87+273}$$

はじめの状態　　あとの状態

$$\frac{3.0}{300} = \frac{V_2}{360}$$

$$V_2 = \frac{3.0 \times 360}{300} = 3.6 \text{ m}^3$$

3.6 m³ ……答

セ氏温度を絶対温度に直して式に代入するよ。

❗ セ氏温度 t〔℃〕と絶対温度 T〔K〕

$$T = t + 273$$

4 ボイル・シャルルの法則

問題

レベル ★★★

2.0×10^{-2} m^3 の容器に温度が 27℃で圧力が 1.0×10^5 Pa の気体を入れ、この気体の体積が 1.0×10^{-2} m^3 になるまで気体を圧縮したところ、圧力が 3.0×10^5 Pa になった。このとき気体の温度は何℃になるか。

🍴 解くための材料

ボイル・シャルルの法則

$$\frac{p_1 V_1}{T_1} = \frac{p_2 V_2}{T_2} = 一定$$

はじめの状態　　あとの状態

はじめの状態の気体の絶対温度 T_1〔K〕,
圧力 p_1〔Pa〕, 体積 V_1〔m^3〕
あとの状態の気体の絶対温度 T_2〔K〕,
圧力 p_2〔Pa〕, 体積 V_2〔m^3〕

解き方

　質量が一定の気体の体積 V は、絶対温度 T に比例し、圧力 p に反比例します。これをボイル・シャルルの法則といいます。

手順1
式に代入する量と単位を確認する

はじめの状態　　絶対温度に直します　　あとの状態

温度 $T_1 = 27℃ = (27+273)$K
体積 $V_1 = 2.0×10^{-2}$ m^3
圧力 $p_1 = 1.0×10^5$ Pa

温度 $T_2 = (t+273)$K
体積 $V_2 = 1.0×10^{-2}$ m^3
圧力 $p_2 = 3.0×10^5$ Pa

手順2
式に代入して計算する

ボイル・シャルルの法則を使います。

$\dfrac{p_1 V_1}{T_1} = \dfrac{p_2 V_2}{T_2}$ より、

絶対温度で計算するよ。

はじめの状態　　　　　あとの状態

$$\frac{1.0×10^5 × 2.0×10^{-2}}{27+273} = \frac{3.0×10^5 × 1.0×10^{-2}}{t+273}$$

整理して、

$$t+273 = \frac{300×3.0}{2.0}$$

$$= 450$$

$$t = 450 - 273 = 177℃$$

177℃ ……答

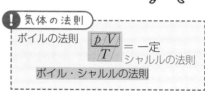

! 気体の法則

ボイルの法則　$\dfrac{p V}{T} = 一定$

シャルルの法則

ボイル・シャルルの法則

5 理想気体の状態方程式（気体の混合）

問題

体積が 3.0×10^{-3} m³ の容器 A と体積が 6.0×10^{-3} m³ の容器 B がコック K のついた細い管でつながれている。コックははじめ閉じられており，容器 A には温度 27℃，圧力 3.0×10^5 Pa の理想気体が，容器 B には温度 27℃，圧力 1.0×10^5 Pa の理想気体が封入してある。気体定数を 8.3 J/(mol·K) とし，細い管の部分の体積は無視する。

コック K
容器 A　容器 B

(1)　容器 A，B の気体の物質量は何 mol か。

(2)　コックを開いて容器をつなげ，加熱して気体の温度を 87℃ にした。気体の圧力は何 Pa か。

🍽 解くための材料

理想気体の状態方程式

$$pV = nRT \quad \begin{cases} \text{圧力 } p\,[\text{Pa}], \ \text{体積 } V\,[\text{m}^3], \ \text{物質量 } n\,[\text{mol}] \\ \text{絶対温度 } T\,[\text{K}], \ \text{気体定数 } R\,[\text{J}/(\text{mol·K})] \end{cases}$$

🍳 解き方

(1)　A，B の気体の物質量を n_A，n_B として，理想気体の状態方程式を立てます。

A：$3.0 \times 10^5 \times 3.0 \times 10^{-3} = n_A \times 8.3 \times (27+273)$ より，$n_A = 0.36$ mol
　　　　　　　　　　　　　　　　絶対温度に直します

B：$1.0 \times 10^5 \times 6.0 \times 10^{-3} = n_B \times 8.3 \times (27+273)$ より，$n_B = 0.24$ mol
　　　　　　　　　　　　　　　　絶対温度に直します

A：0.36 mol，B：0.24 mol……答

(2)　コックを開いて気体を混合したので，気体は外に逃げず，全体の物質量が $(0.36+0.24)$ mol になります。圧力を $p\,[\text{Pa}]$ として状態方程式に代入します。

$$p \times (3.0 \times 10^{-3} + 6.0 \times 10^{-3}) = (0.36+0.24) \times 8.3 \times (87+273)$$
　　　　体積は和となります　　　　全体の物質量　　　　絶対温度に直します

$$p = \frac{0.60 \times 8.3 \times 360}{9.0 \times 10^{-3}} = 1.99\cdots \times 10^5 \fallingdotseq 2.0 \times 10^5 \ \text{Pa} \qquad \textbf{2.0} \times \textbf{10}^5 \ \textbf{Pa}……答$$

6 理想気体の状態方程式（容器から外に出る気体）

問題

レベル ★★★

体積が 6.0×10^{-3} m³ の容器の中に，圧力 1.0×10^6 Pa，温度 27℃の理想気体を入れた。気体定数を 8.3 J/(mol·K) とする。

(1) この容器に入っている理想気体の物質量は何 mol か。

(2) この容器内の気体が温められて 37℃になったとき，圧力が 8.3×10^5 Pa であったとする。このとき，容器から出た気体の物質量は何 mol か。

🍳 解くための材料

理想気体の状態方程式

$$pV = nRT \quad \begin{cases} 圧力\ p〔\text{Pa}〕，体積\ V〔\text{m}^3〕，物質量\ n〔\text{mol}〕 \\ 絶対温度\ T〔\text{K}〕，気体定数\ R〔\text{J/(mol·K)}〕 \end{cases}$$

解き方

(1) 理想気体の状態方程式に代入して，物質量 $n〔\text{mol}〕$ を求めます。

$$1.0 \times 10^6 \times 6.0 \times 10^{-3} = n \times 8.3 \times (27 + 273)$$

絶対温度に直します

$$n = \frac{1.0 \times 10^6 \times 6.0 \times 10^{-3}}{8.3 \times 300} = 2.409\cdots ≒ 2.4\ \text{mol}$$

2.4 mol……答

(2) 理想気体の状態方程式から，温められたあとに容器内に残っている気体の物質量 $n'〔\text{mol}〕$ を計算し，外に出た気体の物質量を求めます。

$$8.3 \times 10^5 \times 6.0 \times 10^{-3} = n' \times 8.3 \times (37 + 273)$$

絶対温度に直します

$$n' = \frac{8.3 \times 10^5 \times 6.0 \times 10^{-3}}{8.3 \times 310} ≒ 1.94\ \text{mol}$$

$$n - n' = \underline{2.41} - 1.94 = 0.4\overset{5}{7} ≒ 0.5\ \text{mol}$$

 (1)の結果を 1 桁多くとって代入します

0.5 mol……答

> 1mol あたりの粒子数が
> アボガドロ定数
> $N_A = 6.02 \times 10^{23}$/mol だよ。

❗ 物質量

粒子の個数に注目した物質の量。
粒子が 6.02×10^{23} 個あるときの物質量を 1 mol とする。

7 気体分子の運動①

問題

1辺の長さが L [m] の立方体の容器の中に，質量 m [kg] の理想気体の分子を N 個入れた。分子どうしの衝突は無視でき，分子は壁との衝突時以外は等速直線運動をしている。速度 $\vec{v}$ [m/s] で運動している分子が $x=L$ に存在する壁Sと弾性衝突をした。x 軸方向の衝突前の分子の速度の成分を v_x [m/s] とする。

(1) この分子が1回の衝突で壁Sに与える力積を求めよ。

(2) この分子が t 秒間に壁Sと衝突する回数を求めよ。

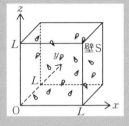

🍳 解くための材料

運動量の変化と力積

$$\vec{mv_2} - \vec{mv_1} = \vec{F}\Delta t$$

$\vec{F}$ [N] ⬤ $\longrightarrow$　⬤ --→

m [kg]　$\vec{mv_1}$　$\vec{F}\Delta t$　$\vec{mv_2}$

物体の質量 m [kg]
物体の速度
　　$\vec{v_1}$ [m/s]，$\vec{v_2}$ [m/s]
物体が受けた力 $\vec{F}$ [N]
力のはたらいた時間 Δt [s]

🍳 解き方

(1) 衝突前の分子の運動量は mv_x，壁と弾性衝突をするので衝突後の運動量は $-mv_x$ となり，運動量の変化は，

$$\underset{\text{あとの運動量}}{(-mv_x)} - \underset{\text{はじめの運動量}}{mv_x} = -2\,mv_x$$

運動量の変化は力積に等しいので，分子が受けた力積は $-2\,mv_x$ です。作用・反作用の関係から，壁が受ける力積は $2\,mv_x$ となります。　　　**$2\,mv_x$** ……答

(2) 分子は等速直線運動をするので，t 秒間に x 軸方向に $v_x t$ [m] 進み，壁との間を1往復 $2L$ [m] 運動するごとに壁Sに1回衝突します。したがって，t 秒間に $\dfrac{v_x t}{2L}$ 回衝突します。　　　**$\dfrac{v_x t}{2L}$** ……答

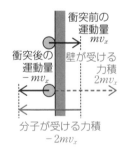

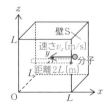

8 気体分子の運動②

問題

レベル ★★☆

前ページの問題7について，次の問いに答えよ。

(1) この分子が t 秒間に壁Sに与える力積を求めよ。

(2) 1個の気体分子が壁Sに及ぼす力を求めよ。

(3) 速度の x 軸方向の成分の2乗の平均値を $\overline{v_x^2}$ として，N 個の気体分子が壁Sに及ぼす力を求めよ。

🍽 解くための材料

力積

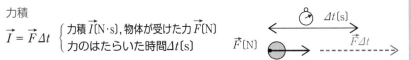

$$\vec{I} = \vec{F}\Delta t \begin{cases} \text{力積 } \vec{I}\,[\mathrm{N\cdot s}], \text{物体が受けた力 } \vec{F}\,[\mathrm{N}] \\ \text{力のはたらいた時間} \Delta t\,[\mathrm{s}] \end{cases}$$

🍳 解き方

(1) 前ページの問題7の結果から，

$$\begin{cases} 1\text{回の衝突で気体分子が壁Sに与える力積}：2\,mv_x \\ t\text{秒間に気体分子が壁Sに衝突する回数}：\dfrac{v_x t}{2L}\text{回} \end{cases}$$

より，t 秒間に気体分子が壁Sに与える力積は，$\underset{\substack{\uparrow \\ 1\text{回あたりの力積}}}{2\,mv_x} \times \underset{\substack{\uparrow \\ \text{衝突回数}}}{\dfrac{v_x t}{2L}} = \dfrac{mv_x^2 t}{L}$

(2) 力を $F\,[\mathrm{N}]$ とすると力積は $Ft\,[\mathrm{N\cdot s}]$ なので，(1)の結果を用いて，

$$F = \frac{Ft}{t} = \frac{\dfrac{mv_x^2 t}{L}}{t} = \frac{mv_x^2}{L}$$

力積は **P37**

(3) (2)の結果の式中の v_x^2 を平均値 $\overline{v_x^2}$ に置き換えます。N 個の気体分子が壁Sに及ぼす力 $F'\,[\mathrm{N}]$ は，1個の気体分子が壁に及ぼす力 $F\,[\mathrm{N}]$ に気体分子数 N をかけて，

$$F' = NF = N \times \underset{\substack{\uparrow \\ \text{平均値にします}}}{\frac{m\overline{v_x^2}}{L}} = \frac{Nm\overline{v_x^2}}{L}$$

(1) $\dfrac{mv_x^2 t}{L}$ (2) $\dfrac{mv_x^2}{L}$ (3) $\dfrac{Nm\overline{v_x^2}}{L}$ ……答

9 気体分子の運動③

問題

1辺の長さが L〔m〕の立方体の容器の中に，質量 m〔kg〕の理想気体の分子を N 個入れた。速度 $\vec{v}$〔m/s〕で運動している分子が $x=L$ に存在する壁 S と弾性衝突をした。x 軸方向の衝突前の分子の速度の成分を v_x〔m/s〕，速度の x 軸方向の成分の2乗の平均値を $\overline{v_x^2}$ とすると，N 個の気体分子が壁 S に及ぼす力は $\dfrac{Nm\overline{v_x^2}}{L}$ となることがわかっている。分子の速度の2乗の平均値を $\overline{v^2}$，立方体の体積を V〔m³〕として壁 S が受ける圧力を求めよ。

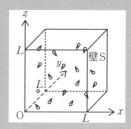

🍽 解くための材料

$$p = \frac{F}{S}$$

$\begin{cases} 圧力\ p〔Pa〕 \\ 面を垂直に押す力\ F〔N〕 \\ 断面積\ S〔m^2〕 \end{cases}$

🍳 解き方

1つの気体分子の速度について，$v^2 = v_x^2 + v_y^2 + v_z^2$ の関係が成り立つので，平均値についても同様に，$\overline{v^2} = \overline{v_x^2} + \overline{v_y^2} + \overline{v_z^2}$ が成り立ちます。容器内の気体分子は乱雑に運動しているため，$x,\ y,\ z$ の各方向について均等に乱雑な運動をしていると考えられ，$\overline{v_x^2} = \overline{v_y^2} = \overline{v_z^2}$ であることから $\overline{v_x^2} = \overline{v_y^2} = \overline{v_z^2} = \dfrac{1}{3}\overline{v^2}$ となります。

この関係を用いると，壁 S が N 個の気体分子から受ける力 F は，

$$F = \frac{Nm\overbrace{\overline{v_x^2}}^{ここに代入します}}{L} = \frac{Nm \cdot \dfrac{1}{3}\overline{v^2}}{L} = \frac{Nm\overline{v^2}}{3L}$$

と変形でき，圧力 p は次式で求められます。

$$p = \frac{F}{S} = \frac{\dfrac{Nm\overline{v^2}}{3L}}{L^2} = \frac{Nm\overline{v^2}}{3\underset{ここにL^3=Vを代入します}{L^3}} = \frac{Nm\overline{v^2}}{3V}$$

$$\boxed{\dfrac{Nm\overline{v^2}}{3V}} \quad \cdots\cdots 答$$

10 気体分子の平均運動エネルギー

問題

レベル ★★★

次の問いに答えよ。

(1) アボガドロ定数 N_A を 6.02×10^{23} /mol，気体定数 R を 8.31 J/(mol·K) として，ボルツマン定数 k を求めよ。

(2) (1)の結果を用いて，温度が 3.0×10^2 K における気体分子の平均運動エネルギーを求めよ。

解くための材料

気体分子の平均運動エネルギー

$$\frac{1}{2} m \overline{v^2} = \frac{3}{2} \frac{R}{N_A} T = \frac{3}{2} kT$$

質量 m〔kg〕，速さの2乗平均値 $\overline{v^2}$〔m²/s²〕
気体定数 R〔J/(mol·K)〕，アボガドロ定数 N_A〔/mol〕
絶対温度 T〔K〕，ボルツマン定数 k〔J/K〕

解き方

(1) ボルツマン定数 k〔J/K〕の定義式に代入します。

$$k = \frac{R}{N_A} = \frac{8.31}{6.02 \times 10^{23}} = 1.380\cdots \times 10^{-23} \fallingdotseq 1.38 \times 10^{-23} \text{ J/K}$$

$\mathbf{1.38 \times 10^{-23} \text{ J/K}}$ ……答

(2) (1)の結果のボルツマン定数 k の値を用いて，気体分子の平均運動エネルギーの式に代入します。

$$\frac{1}{2} m \overline{v^2} = \frac{3}{2} kT = \frac{3}{2} \times 1.38 \times 10^{-23} \times 3.0 \times 10^2$$

$$= 6.21 \times 10^{-21} \fallingdotseq 6.2 \times 10^{-21} \text{ J} \qquad \mathbf{6.2 \times 10^{-21} \text{ J}} ……答$$

理想気体の平均運動エネルギーは絶対温度に比例するね。

気体の種類にはよらないよ。

この式から，温度は分子の熱運動の激しさを表していることがわかるね。

11 2乗平均速度

次の問いに答えよ。ただし，気体定数を 8.3 J/(mol·K) とする。

(1) 温度が 7℃の窒素分子（分子量28）の2乗平均速度は何 m/s か。ただし，$\sqrt{24.9}=4.99$ とする。

(2) ヘリウム分子の分子量は4，アルゴン分子の分子量は40 である。温度が273 K のとき，アルゴン分子の2乗平均速度はヘリウム分子の2乗平均速度の何倍か。$\sqrt{10}=3.16$ とせよ。

解くための材料

2乗平均速度

$$\sqrt{\overline{v^2}}=\sqrt{\dfrac{3RT}{M\times10^{-3}}}$$

$\begin{cases} 2\text{乗平均速度}\sqrt{\overline{v^2}}\,[\text{m/s}] \\ \text{気体定数 } R\,[\text{J/(mol·K)}]，\text{絶対温度 } T\,[\text{K}] \\ \text{モル質量 } M\,[\text{g/mol}] \end{cases}$

解き方

(1) 温度を絶対温度に直して，2乗平均速度の式に代入します。

$$\sqrt{\overline{v^2}}=\sqrt{\dfrac{3RT}{M\times10^{-3}}}=\sqrt{\dfrac{\overset{\text{絶対温度に直します}}{3\times8.3\times(7+273)}}{\underset{\text{窒素の分子量を入れます}}{28\times10^{-3}}}}=\sqrt{24.9\times10^4}=\sqrt{24.9}\times10^2$$

$$=\underset{5.0}{4.99}\times10^2\fallingdotseq5.0\times10^2\ \text{m/s}$$

5.0×10^2 m/s ……答

(2) $\begin{cases} \text{ヘリウム分子：2乗平均速度}\sqrt{\overline{v_1^2}}，\text{分子量 } M_1 \\ \text{アルゴン分子：2乗平均速度}\sqrt{\overline{v_2^2}}，\text{分子量 } M_2 \end{cases}$

として，

$$\begin{array}{c}\text{アルゴン}\to\sqrt{\overline{v_2^2}}\\ \text{ヘリウム}\to\sqrt{\overline{v_1^2}}\end{array}=\dfrac{\sqrt{\dfrac{3RT}{M_2\times10^{-3}}}}{\sqrt{\dfrac{3RT}{M_1\times10^{-3}}}}=\sqrt{\dfrac{M_1}{M_2}}=\sqrt{\dfrac{4}{40}}=\sqrt{0.10}=\sqrt{10}\times10^{-1}$$

$$=\underset{2}{3.16}\times10^{-1}\fallingdotseq0.32$$

0.32 倍 ……答

> **！モル質量**
>
> 分子量が M であるとき，分子のモル質量は $M\,[\text{g/mol}]$ となる。

12 内部エネルギー

問題

レベル ★★★

温度が 27℃で 2.0 mol の単原子分子の理想気体を密閉した容器に入れた。気体定数を 8.3 J/(mol·K) とする。

(1) 気体分子の内部エネルギーは何 J か。

(2) 気体の温度を 20℃上昇させたとき，内部エネルギーは何 J 増加するか。

🍽 解くための材料

単原子分子の理想気体の内部エネルギーと内部エネルギーの変化量

$$U = \frac{3}{2}nRT$$
$$\Delta U = \frac{3}{2}nR\Delta T$$

内部エネルギー U〔J〕，変化量 ΔU〔J〕
物質量 n〔mol〕
気体定数 R〔J/(mol·K)〕
絶対温度 T〔K〕，温度変化 ΔT〔K〕

🍳 **解き方**

理想気体の内部エネルギーは，物質量と絶対温度に比例します。

(1) 絶対温度に直して単原子分子の理想気体の内部エネルギーの式に代入します。

$$U = \frac{3}{2}nRT = \frac{3}{2} \times 2.0 \times 8.3 \times \overset{\text{絶対温度に直します}}{(27+273)} = 7.4\overset{5}{7} \times 10^3 \fallingdotseq 7.5 \times 10^3 \text{ J}$$

7.5×10^3 J……答

(2) 温度変化は絶対温度で 20 K です。内部エネルギーの変化量の式に代入して，

$$\Delta U = \frac{3}{2}nR\Delta T = \frac{3}{2} \times 2.0 \times 8.3 \times 20 = 4.9\overset{5.0}{8} \times 10^2 \fallingdotseq 5.0 \times 10^2 \text{ J}$$

5.0×10^2 J……答

❗ **単原子分子と二原子分子**

・単原子分子… 1 個の原子からなる分子。例：ヘリウム He，アルゴン Ar
　　　　　　　安定した状態を保ちながら並進運動をする。

・二原子分子… 2 個の原子からなる分子。例：酸素 O_2，窒素 N_2
　　　　　　　分子の並進運動と分子の回転運動を考える。

13 気体がする仕事

問題

なめらかに動くピストンのついたシリンダーの中に, 温度が 300 K, 体積が 2.0×10^{-3} m^3 の理想気体を入れた。ピストンの断面積は 1.0×10^{-4} m^2, 気体の圧力は 1.0×10^5 Pa である。

(1) 圧力を一定に保って温度を 450 K に上昇させたときの気体の体積は何 m^3 か。

(2) (1)のとき, 気体がピストンを押す力は何 N か。

(3) (1)のとき, 気体がした仕事は何 J か。

🍽 解くための材料

気体がする仕事

$$W' = p\varDelta V \quad \begin{cases} 気体が外部にする仕事 \ W' \text{(J)} \\ 圧力 \ p\text{(Pa)}, \ 体積の変化 \ \varDelta V\text{(m}^3) \end{cases}$$

🍳 解き方

気体を加熱すると, 気体による圧力と大気圧がつり合いながらピストンが動き, 体積が膨張します。このとき, 気体がピストンを動かすので気体は $W' = p\varDelta V$ の仕事をします。

(1) 圧力が一定なのでシャルルの法則を使います。体積 V(m^3) は,

$$\frac{2.0 \times 10^{-3}}{300} = \frac{V}{450}$$

はじめの状態　　あとの状態

シャルルの法則は P84

$V = 3.0 \times 10^{-3}$ m^3

(2) 気体がピストンを押す力 F(N) は, 圧力と面積の積の関係から求めます。

$$F = pS$$
$$= 1.0 \times 10^5 \times 1.0 \times 10^{-4} = 10 \ \text{N}$$

気体の圧力は P82

(3) 気体は膨張してピストンに仕事をします。気体がした仕事 W'(J) は,

$$W' = p\varDelta V$$

(1)の結果を用いて体積の変化を代入します

$$= 1.0 \times 10^5 \times (3.0 \times 10^{-3} - 2.0 \times 10^{-3}) = 1.0 \times 10^2 \ \text{J}$$

(1) 3.0×10^{-3} m^3　(2) 10 N　(3) 1.0×10^2 J……**答**

14 熱力学第1法則

問題

レベル ★★★

ピストンのついたシリンダーの中に単原子分子の理想気体 3.0 mol を入れた。この気体をピストンで圧縮して 2.0×10^3 J の仕事を加え，同時に 1.0×10^3 J の熱を加える。ただし，気体定数を 8.3 J/(mol・K) とする。

(1) 気体の内部エネルギーの増加は何 J か。

(2) 気体の温度上昇は何 K か。

🍽 解くための材料

熱力学第1法則

$$\Delta U = Q + W$$

$\begin{cases} \text{内部エネルギーの変化 } \Delta U \text{〔J〕} \\ \text{気体に加えられた熱量 } Q \text{〔J〕} \\ \text{気体が外部からされた仕事 } W \text{〔J〕} \end{cases}$

🍳 解き方

(1) 気体は加熱される ： $Q > 0$
   気体は仕事をされる： $W > 0$ ｝ を用いて，熱力学第1法則に代入します。

$$\Delta U = Q + W = 1.0 \times 10^3 + 2.0 \times 10^3 = 3.0 \times 10^3 \text{ J} \qquad \mathbf{3.0 \times 10^3 \text{ J}} \cdots \cdots 答$$

(2) シリンダーの中に入っている気体は単原子分子の理想気体なので，内部エネルギーの増加 ΔU〔J〕は $\Delta U = \dfrac{3}{2} nR\Delta T$ となります。(1)の結果を ΔU に代入して，温度変化 ΔT〔K〕を求めます。

内部エネルギーは P93

(1)で求めた内部エネルギーの増加

$$\underbrace{3.0 \times 10^3}_{} = \frac{3}{2} \times 3.0 \times 8.3 \times \Delta T$$

$$\Delta T = 80.3\cdots \fallingdotseq 80 \text{ K} \qquad \mathbf{80 \text{ K}} \cdots \cdots 答$$

代入する前に
QとWの正負
に注意！

⚠ 熱力学第1法則　$\Delta U = Q + W$

$\begin{cases} \text{気体に熱を加える（加熱する）} ： Q > 0 \\ \text{気体が熱を奪われる（冷却する）：} Q < 0 \end{cases}$

$\begin{cases} \text{気体が外部から仕事をされる（圧縮する）：} W > 0 \\ \text{気体が外部に仕事をする（膨張する）} ： W < 0 \end{cases}$

熱

15 定積変化

問題　　　　　　　　　　　　　　　　　　　レベル ★★★

圧力 2.0×10^5 Pa，温度 400 K，物質量 1.0 mol の単原子分子の理想
気体を，体積が 6.0×10^{-2} m³ の容器の中に入れた。気体定数を
8.3 J/(mol·K) とする。

(1)　体積を一定に保ってこの気体の温度を 600 K にしたとき，内部エ
　　ネルギーの増加は何 J か。

(2)　(1)のとき，気体が外部にした仕事は何 J か。

(3)　(1)のとき，外部から気体が吸収した熱量は何 J か。

🍽️ 解くための材料

定積変化

$$\Delta U = Q \quad \begin{cases} \text{内部エネルギーの変化 } \Delta U \text{〔J〕} \\ \text{気体に加えられた熱量 } Q \text{〔J〕} \end{cases}$$

 **解き方**　• •

　体積を一定にして行う気体の状態変化を定積変化といいます。体積が一定であ
ることから，気体がする仕事は 0 となります。

(1)　単原子分子の理想気体の内部エネルギーの式に代入して求めます。

$$\Delta U = \frac{3}{2} nR\Delta T = \frac{3}{2} \times 1.0 \times 8.3 \times (600 - 400)$$

内部エネルギーは **P93**

温度変化を代入します

$$= 2.49 \times 10^3 \fallingdotseq 2.5 \times 10^3 \text{ J}$$

(2)　気体の体積が一定なので，体積変化 $\Delta V = 0$ で気体は仕事をしていません。

$$W' = 0 \text{ J}$$

(3)　定積変化では，気体がする仕事が 0 J なので，外から加えられた熱量はすべ
　　て内部エネルギーの増加となります。(1)の結果から内部エネルギーの増加分が
　　わかっており，それが気体の吸収した熱量 Q〔J〕となります。

$$Q = \Delta U = 2.5 \times 10^3 \text{ J}$$

　　　(1)　2.5×10^3 J　　**(2)　0 J**　　**(3)　2.5×10^3 J**……**答**

16 定圧変化

問題

レベル ★★★

なめらかに動くピストンのついたシリンダーの中に理想気体を入れる。気体の圧力は 1.0×10^5 Pa，ピストンの断面積は 4.0×10^{-3} m^2 である。圧力を一定に保ちながら 100 J の熱を気体に加えたところ，気体は膨張してピストンを 8.0×10^{-2} m 動かした。

(1) 気体の体積の変化量は何 m^3 か。

(2) 気体が外部にした仕事は何 J か。

(3) 気体の内部エネルギーの増加は何 J か。

🍴 解くための材料

定圧変化

$$\Delta U = Q - W'$$
$$= Q - p\Delta V$$

内部エネルギーの変化 ΔU [J]
気体に加えられた熱量 Q [J]，気体の圧力 p [Pa]
気体が外部にした仕事 W' [J]，体積の増加 ΔV [m^3]

解き方

気体の圧力を一定にして行う気体の状態変化を定圧変化といいます。気体に加えた熱量 Q は，気体の内部エネルギーの増加 ΔU と気体が外部にする仕事 W' になり，気体が外部に仕事をする場合の熱力学第1法則は次式で表されます。

$$Q = \Delta U + W'$$

(1) 気体がピストンを動かした距離 Δl [m] とピストンの面積 S [m^2] を用いて，体積の変化 ΔV [m^3] は，

$$\Delta V = S\,\Delta l = 4.0 \times 10^{-3} \times 8.0 \times 10^{-2} = 3.2 \times 10^{-4} \text{ m}^3$$

(2) 気体が外部に対してした仕事 W' [J] は，(1)の結果の体積の変化を用いて，

$$W' = p\,\Delta V = 1.0 \times 10^5 \times 3.2 \times 10^{-4} = 32 \text{ J}$$

違うから注意してね！
W …気体がされる仕事
W' …気体がする仕事

(3) (2)の結果を用いて，定圧変化の式に代入します。

$$\Delta U = Q - W' = 100 - 32 = 68 \text{ J}$$

(1) **3.2×10^{-4} m^3** (2) **32 J**

(3) **68 J**……

気をつけて！

熱

17 等温変化

問題　　　　　　　　　　　　　　　　　　　レベル ★★★

なめらかに動くピストンのついたシリンダーの中に, 圧力が $3.0×10^5$ Pa, 体積が $5.0×10^{-3}$ m^3 の単原子分子の理想気体を入れ, 温度を一定に保ちながら気体の状態を変化させ, 体積を $1.5×10^{-2}$ m^3 にした。

(1) 気体の状態を変化させたあとの気体の圧力は何 Pa か。

(2) 気体の内部エネルギーの増加は何 J か。

(3) この状態変化の過程で気体は $1.8×10^3$ J の熱量を吸収した。気体が外部にした仕事は何 J か。

> 🍽 **解くための材料**
>
> 等温変化
>
> $Q = W'$　$\begin{cases} \text{気体に加えられた熱量 } Q\,[\text{J}] \\ \text{気体が外部にした仕事 } W'\,[\text{J}] \end{cases}$

 解き方 •

　気体の温度を一定にして行う気体の状態変化を等温変化といいます。等温変化では温度が変化しないので, 内部エネルギーは変化しません。したがって, 気体に加えた熱量 Q はすべて気体が外部にする仕事 W' になります。

(1) ボイルの法則 $pV=$ 一定 から求めます。気体の圧力 p [Pa]は,

$$\underset{\text{はじめの状態}}{3.0×10^5×5.0×10^{-3}} = \underset{\text{あとの状態}}{p×1.5×10^{-2}} \quad \text{より, } p=1.0×10^5\,\text{Pa}$$

(2) 気体の温度変化 $\varDelta T$ は 0 なので, 内部エネルギーの変化 $\varDelta U$ も 0 です。

単原子分子の理想気体の内部エネルギーは

(3) 等温変化で内部エネルギーは変化しないので, 気体に加えた熱量 Q はすべて気体が外部にする仕事 W' となります。

> 等温膨張では, 気体に加えられた熱量がすべて気体が膨張する仕事になるよ。

$$W' = Q = 1.8×10^3\,\text{J}$$

　(1) $1.0×10^5$ Pa　(2) 0 J　(3) $1.8×10^3$ J……**答**

18 断熱変化

問題 レベル ★★★

なめらかに動くピストンのついたシリンダーの中に，温度が 300 K で 2.0 mol の単原子分子の理想気体を入れた。外部と熱のやりとりのない状態で気体を圧縮したところ，気体の温度が 500 K になった。気体定数を 8.3 J/(mol·K) とする。

(1) 気体の内部エネルギーの増加は何 J か。

(2) 気体が外部からされた仕事は何 J か。

🍴 解くための材料

断熱変化

$$\Delta U = W \quad \begin{cases} \text{気体の内部エネルギーの変化量 } \Delta U\,(J) \\ \text{気体が外部からされた仕事 } W\,(J) \end{cases}$$

解き方

熱の出入りのないようにして行う気体の状態変化を断熱変化といいます。

(1) 単原子分子の理想気体の内部エネルギーの式に代入します。

$$\Delta U = \frac{3}{2} nR\Delta T = \frac{3}{2} \times 2.0 \times 8.3 \times (500 - 300)$$

温度変化を代入します

$$= \overset{5.0}{4.98} \times 10^3 \fallingdotseq 5.0 \times 10^3 \text{ J} \qquad 5.0 \times 10^3 \text{ J} \cdots \text{答}$$

単原子分子の理想気体の内部エネルギーは P93

(2) 外部との熱のやりとりがないので，外から加えられた仕事 $W\,(J)$ は内部エネルギーの増加 $\Delta U\,(J)$ に等しくなります。(1)の結果を用いて，

$$W = \Delta U = 5.0 \times 10^3 \text{ J} \qquad 5.0 \times 10^3 \text{ J} \cdots \text{答}$$

⚠ 断熱圧縮と断熱膨張

・断熱圧縮：気体がされた仕事の分だけ内部エネルギーが増加し，温度が上昇する。

・断熱膨張：気体が外部にする仕事の分だけ内部エネルギーは減少し，温度が下がる。

熱

19 定積モル比熱（定積モル熱容量）

問題　　　　　　　　　　　　　　　　　　　レベル ★★★

ピストンのついたシリンダーの中に単原子分子の理想気体 2.0 mol を入れ，体積を一定にして 2.5×10^3 J の熱を加えたところ，温度が 27℃から 127℃に上昇した。定積モル比熱（定積モル熱容量）は何 J/(mol·K) か。

> 🍴 **解くための材料**
>
> 定積モル比熱（定積モル熱容量）
>
> $$\Delta U = Q = nC_V\Delta T$$
> 気体の内部エネルギーの変化量 ΔU〔J〕
> 気体に加えた熱量 Q〔J〕，物質量 n〔mol〕
> 定積モル比熱 C_V〔J/(mol·K)〕，温度変化 ΔT〔K〕

🍳 **解き方**・・・・・・・・・・・・・・・・・・・・・・・

物質 1 mol の温度を 1 K 上昇させるのに要する熱量をモル比熱（モル熱容量）といい，定積変化におけるモル比熱を定積モル比熱（定積モル熱容量）といいます。

定積モル比熱の式 $Q=nC_V\Delta T$ を変形して代入します。

$$C_V=\frac{Q}{n\Delta T}$$

$$=\frac{2.5\times10^3}{2.0\times(127-27)}$$
温度変化を代入します
$$=12.5$$
$$≒13\ \text{J/(mol·K)}$$

13 J/(mol·K) ……答

> ❗ **理想気体の定積モル比熱**
>
> ・単原子分子：$C_V=\dfrac{3}{2}R$
> $$≒12.5\ \text{J/(mol·K)}$$
>
> ・二原子分子：$C_V=\dfrac{5}{2}R$
> $$≒20.8\ \text{J/(mol·K)}$$
> （気体定数 R〔J/(mol·K)〕）

物理基礎で習った比熱は，1gの物質の温度を1K上昇させるのに要する熱量だったね。

質量をm〔g〕，比熱をc〔J/(g·K)〕とすると，熱量Q〔J〕はQ=mcΔTだよ！

20 定圧モル比熱（定圧モル熱容量）

問題

レベル ★★★

なめらかに動くピストンのついたシリンダーの中に単原子分子の理想気体 2.0 mol を入れ，圧力を一定に保ちながら 4.2×10^3 J の熱を加えたところ，温度が 27℃から 127℃に上昇した。定圧モル比熱（定圧モル熱容量）は何 J/(mol·K) か。

解くための材料

定圧モル比熱（定圧モル熱容量）

$Q = nC_p \varDelta T$ 　　$\begin{cases} \text{気体に加えた熱量 } Q\text{〔J〕，物質量 } n\text{〔mol〕} \\ \text{定圧モル比熱 } C_p\text{〔J/(mol·K)〕，温度変化 } \varDelta T\text{〔K〕} \end{cases}$

解き方

定圧変化におけるモル比熱を定圧モル比熱（定圧モル熱容量）といいます。

定圧モル比熱の式 $Q = nC_p \varDelta T$ を変形して代入します。

$$C_p = \frac{Q}{n\varDelta T}$$
$$= \frac{4.2 \times 10^3}{2.0 \times (127 - 27)}$$

温度変化を代入します

$$= 21 \text{ J/(mol·K)}$$

21 J/(mol·K) ……答

! 理想気体の定圧モル比熱

・単原子分子：$C_p = \dfrac{5}{2}R$

　　　$\fallingdotseq 20.8$ J/(mol·K)

・二原子分子：$C_p = \dfrac{7}{2}R$

　　　$\fallingdotseq 29.1$ J/(mol·K)

（気体定数 R〔J/(mol·K)〕）

! 定積モル比熱と定圧モル比熱の関係

$C_p = C_V + R$

$\begin{cases} \text{気体定数 } R\text{〔J/(mol·K)〕} \\ \text{定圧モル比熱 } C_p\text{〔J/(mol·K)〕} \\ \text{定積モル比熱 } C_V\text{〔J/(mol·K)〕} \end{cases}$

定圧変化では，圧力を一定に保つため気体が外部に仕事をすることから，同じだけ温度を上昇させようとすると熱量が多く必要となる。この関係をマイヤーの関係という。

21 1サイクルと熱効率①

問題

図のように A → B → C → D → A と単原子分子の
理想気体 1.0 mol の状態を変化させた。状態 A の
気体の温度は T_A[K]，気体定数を R[J/(mol·K)]，
単原子分子の理想気体の定積モル比熱を

$C_V = \dfrac{3}{2}R$，定圧モル比熱を $C_p = \dfrac{5}{2}R$ とする。

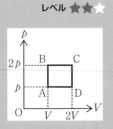

(1) B，C，D での温度 T_B[K]，T_C[K]，T_D[K] を求めよ。

(2) この1サイクルの間に気体が吸収した熱量 Q を求めよ。

🍳 解くための材料

熱機関のサイクルと $p-V$ グラフ

A → B，C → D の過程：定積変化
B → C，D → A の過程：定圧変化

面積は気体がする仕事を表す

解き方

(1) B… $\dfrac{pV}{T_A} = \dfrac{2p \times V}{T_B}$ より，$T_B = 2T_A$　　　C… $\dfrac{pV}{T_A} = \dfrac{2p \times 2V}{T_C}$ より，$T_C = 4T_A$

 D… $\dfrac{pV}{T_A} = \dfrac{p \times 2V}{T_D}$ より，$T_D = 2T_A$

$$T_B : 2T_A,\ T_C : 4T_A,\ T_D : 2T_A \cdots\cdots \text{答}$$

(2) A → B は定積変化です。定積モル比熱 C_V を用いると，熱量 $Q_{A \to B}$ は，

$$Q_{A \to B} = nC_V \varDelta T = 1.0 \times \frac{3}{2}R \times (2T_A - T_A) = \frac{3}{2}RT_A$$
(1)の結果の温度を使います

B → C は定圧変化です。定圧モル比熱 C_p を用いると，熱量 $Q_{B \to C}$ は，

$$Q_{B \to C} = nC_p \varDelta T = 1.0 \times \frac{5}{2}R \times (4T_A - 2T_A) = 5RT_A$$

気体が吸収した熱量 Q は，

$$Q = Q_{A \to B} + Q_{B \to C} = \frac{13}{2}RT_A \qquad \frac{13}{2}RT_A \cdots\cdots \text{答}$$

22 1サイクルと熱効率②

問題

レベル ★★☆

前ページの問題21について答えよ。

(1) A→B→C→D→Aの1サイクルの間に，気体が外部にした正味の仕事を求めよ。

(2) この1サイクルでの熱効率を求めよ。

🍴 解くための材料

熱機関の熱効率

$$e=\frac{W'}{Q_0}=\frac{Q_0-Q}{Q_0}$$

- 熱効率 e
- 熱機関が1サイクルの間に外部にした仕事 W' [J]
- 高温の熱源から得た熱量 Q_0 [J]
- 低温の熱源に放出した熱量 Q [J]

🍳 解き方

(1)
- 気体が仕事をする過程（気体は膨張）：B→C
- 気体が仕事をされる過程（気体は圧縮）：D→A
- 仕事が0の過程（定積変化）：A→B，C→D

1サイクルの間に気体がする仕事 W' [J] は，

$$W'=W_{B\to C}+W_{D\to A}=2p(2V-V)+p(V-2V)=2pV-pV=pV$$

↖体積変化↗

となります。ここで，Aにおける理想気体の状態方程式

$$pV=RT_A \quad \leftarrow pV=nRT \text{に物質量 } n=1.0 \text{mol を代入します}$$

を用いて変形して

$$W'=pV=RT_A \quad \boldsymbol{RT_A} \cdots\cdots 答$$

別解 仕事は p-V グラフの囲まれた面積からも求められます。 $W'=p\times V=pV=RT_A$

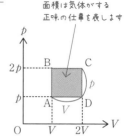

面積は気体がする正味の仕事を表します

(2) 前ページの問題21の(2)の結果と(1)の結果を，熱効率の式に代入します。

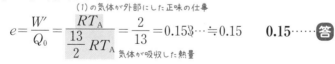

$$e=\frac{W'}{Q_0}=\frac{RT_A}{\frac{13}{2}RT_A}=\frac{2}{13}=0.153\cdots\fallingdotseq 0.15 \quad \boldsymbol{0.15}\cdots\cdots 答$$

(1)の気体が外部にした正味の仕事

気体が吸収した熱量

23 熱効率

レベル ★★★

ある熱機関は,毎秒 9.0×10^4 J の熱を与えると,外部に毎秒 2.7×10^4 J の仕事をする。

(1) この熱機関の熱効率を求めよ。

(2) この熱機関が外部に放出する熱量は毎秒何 J か。

🍴 解くための材料

熱機関の熱効率

$$e = \frac{W'}{Q_0} = \frac{Q_0 - Q}{Q_0} \quad \begin{cases} \text{熱効率 } e \\ \text{熱機関が外部にした仕事 } W' \text{〔J〕} \\ \text{高温の熱源から得た熱量 } Q_0 \text{〔J〕} \\ \text{低温の熱源に放出した熱量 } Q \text{〔J〕} \end{cases}$$

解き方 ••••••••••••••••••••••••••••••••••

　熱を用いて仕事を取り出す装置を熱機関といいます。熱機関は,高温の熱源から与えられた熱量 Q_0〔J〕の一部を仕事 W'〔J〕に変え,残りの熱量 Q〔J〕を低温の熱源に捨てます。このとき,熱機関が高温の熱源から受け取った熱量 Q〔J〕に対して,外部にした仕事 W'〔J〕の割合を熱効率といいます。

(1) 熱機関の熱効率の式に代入します。

$$e = \frac{W'}{Q_0} = \frac{2.7 \times 10^4}{9.0 \times 10^4} = 0.30$$

熱効率は割合なので単位はつけません。0.30 と答えるか 30％ と答えます。

0.30 または30％……答

(2) 毎秒外部に放出する熱量 Q〔J〕は $Q = Q_0 - W'$ となるので,

$$Q = Q_0 - W' = 9.0 \times 10^4 - 2.7 \times 10^4 = 6.3 \times 10^4 \text{ J}$$

毎秒6.3×10⁴ J……答

熱効率は必ず1よりも小さくなるよ。

そうか！

熱をすべて仕事に変えることはできないんだね。

波　動

波　動

1 正弦波の式

問題

レベル ★★☆

x 軸上を正の向きに進む正弦波について，位置 x[m] の媒質の変位 y[m] が，時刻 t[s] において，次式で表される。

$$y = 0.10 \sin 2\pi (0.50\, t - 0.40\, x)$$

このとき，正弦波の振幅，周期，波長を求めよ。

解くための材料

正の向きに伝わる正弦波の式

$$y = A \sin 2\pi \left(\frac{t}{T} - \frac{x}{\lambda} \right)$$

媒質の変位 y[m]，媒質の位置 x[m]
振幅 A[m]，周期 T[s]，波長 λ[m]，時刻 t[s]

解き方

問題の式を正弦波の式と比較します。

$$y = \boxed{0.10} \sin 2\pi (\boxed{0.50\,t} - \boxed{0.40\,x}) を$$

$$y = \boxed{A} \sin 2\pi (\boxed{\frac{t}{T}} - \boxed{\frac{x}{\lambda}}) と比較します。$$

①　　　　　　②　　　　③

①より，$A = 0.10$ m

> 正弦波の式は時刻t[s]における位置x[m]の変位y[m]を表す式で，変数が2つ（t，x）あるので難しいよ！

②より，$\dfrac{1}{T} = 0.50$　　したがって，$T = \dfrac{1}{0.50} = 2.0$ s

③より，$\dfrac{1}{\lambda} = 0.40$　　したがって，$\lambda = \dfrac{1}{0.40} = 2.5$ m

振幅：0.10 m，周期：2.0 s，波長：2.5 m……答

> 位置x[m]は，時間が遅れて原点と同じ振動をするんだね。

！ 負 の 向 き に 伝 わ る 正 弦 波 の 式

$$y = A \sin 2\pi \left(\frac{t}{T} + \frac{x}{\lambda} \right)$$

（A：振幅，T：周期，λ：波長）

2 波の干渉（干渉パターンの作図①）

問題

２つの点 A，B から同位相で波長の等しい波を送り出す。実線は波の山の波面，破線は波の谷の波面を表している。２つの波によって，大きく振動する場所とほとんど振動しない場所が存在する。大きく振動する（強め合う）場所の線を描け。

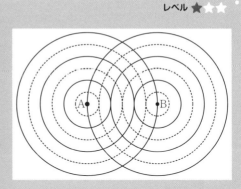

🍴 解くための材料

干渉パターンの作図：山と山（もしくは谷と谷）の波面がぶつかっているところは大きく振動している。

解き方

手順 1
実線と実線，破線と破線が交わるところ（または接しているところ）に●をつける

手順 2
●をなめらかにつなぐことで，大きく振動する場所の線が得られる

平面上に２つの波が重なると，大きく振動するところとほとんど振動しないところが生じます。これを波の干渉といいます。

山の波面と山の波面がぶつかっているところは強め合い，大きく振動しています。谷の波面と谷の波面がぶつかっているところも同様です。これらの点に●をつけます。

●を描いた点をなめらかにつなぐと，大きく振動する場所が得られます。これらの曲線を腹の線といいます。

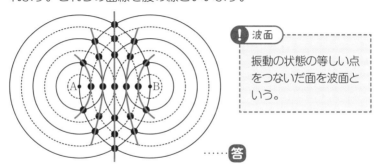

> **⚠ 波面**
>
> 振動の状態の等しい点をつないだ面を波面という。

……**答**

3 波の干渉（干渉パターンの作図②）

前ページの問題2において，ほとんど振動しない（弱め合う）場所の線を描け。

🍽 解くための材料

干渉パターンの作図：山と谷の波面がぶつかっているところは，ほとんど振動しない。

解き方 •

手順1
実線と破線が交わるところ（または接しているところ）に▲をつける

手順2
▲をなめらかにつなぐことて，ほとんど振動しない場所の線が得られる

山の波面と谷の波面がぶつかっているところは弱め合い，ほとんど振動しません。これらの点に▲をつけます。▲を描いた点をなめらかにつなぐと，ほとんど振動しない場所が得られます。これらの曲線を節の線といいます。

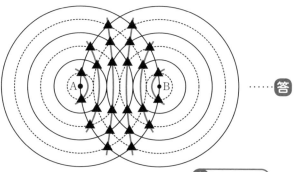

……**答**

! 波の干渉

強め合う線（腹の線），弱め合う線（節の線）は，2点（波源）からの距離の差が一定の線（双曲線）である。

強め合う線（腹の線）と弱め合う線（節の線）の違いはわかったかな？

これらの線は，2点からの距離の差が一定の線であり，双曲線というんだ。

4 波の干渉（同位相の場合）

問題

水面上の位置 S_1，S_2 から波長 2.0 cm で振幅の等しい波を同位相で発生させる。このとき，$S_1P=6.5$ cm，$S_2P=2.5$ cm を満たす点 P は，大きく振動するかほとんど振動しないかどちらであるか。なお，波の減衰は無視できるものとする。

🍳 解くための材料

同位相の干渉における強め合う条件：波源 S_1，S_2 からの距離の差が半波長の偶数倍（または 0）のときに，点 P は大きく振動する。

$$|S_1P - S_2P| = \frac{\lambda}{2} \times 2m \quad (m=0,\ 1,\ 2,\ \cdots\cdots)$$

解き方

手順1
問題の内容を図に表し，物理量を確認する

問題の内容を図に表し，物理量を確認すると図のようになります。

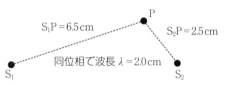

$S_1P = 6.5$ cm　　P　　$S_2P = 2.5$ cm
同位相で波長 $\lambda = 2.0$ cm

手順2
式に代入して計算する

$S_1P = 6.5$ cm，$S_2P = 2.5$ cm より，

$$\begin{cases} \text{点 P の波源からの距離の差} \quad |S_1P - S_2P| = 6.5 - 2.5 = 4.0 \text{ cm} \\ \text{半波長} \quad \dfrac{\lambda}{2} = \dfrac{2.0}{2} = 1.0 \text{ cm} \end{cases}$$

$|S_1P - S_2P| = \dfrac{\lambda}{2} \times x$ に代入すると，

$$4.0 = 1.0 \times x \qquad x = 4 \text{（偶数）}$$

したがって，点 P は大きく振動することになります。

大きく振動する……答

半波長の奇数倍のときには，波は弱め合うことになるんだね！

距離の差が半波長の偶数倍のときに，波は強め合うことになるんだ！

5 波の干渉（逆位相の場合）

問題

水面上の位置 S_1, S_2 から波長 2.0 cm で振幅の等しい波を逆位相で発生させる。このとき，$S_1Q = 7.5$ cm，$S_2Q = 2.5$ cm を満たす点 Q は，大きく振動するかほとんど振動しないかどちらであるか。なお，波の減衰は無視できるものとする。

🍴 解くための材料

逆位相の干渉における強め合う条件：同位相の場合と干渉条件が反転する。波源 S_1, S_2 からの距離の差が半波長の奇数倍のときに，点 Q は大きく振動する。

$$|S_1Q - S_2Q| = \frac{\lambda}{2} \times (2m+1) \quad (m=0,\ 1,\ 2,\ \cdots\cdots)$$

 解き方

手順①
問題の内容を図に表し，物理量を確認する

問題の内容を図に表し，物理量を確認すると図のようになります。

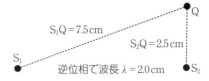

$S_1Q = 7.5$ cm　$S_2Q = 2.5$ cm　逆位相で波長 $\lambda = 2.0$ cm

手順②
式に代入して計算する

$S_1Q = 7.5$ cm，$S_2Q = 2.5$ cm より，

$$\begin{cases} 点 Q の波源からの距離の差 \quad |S_1Q - S_2Q| = 7.5 - 2.5 = 5.0 \text{ cm} \\ 半波長 \quad \dfrac{\lambda}{2} = \dfrac{2.0}{2} = 1.0 \text{ cm} \end{cases}$$

これより，$|S_1Q - S_2Q| = \dfrac{\lambda}{2} \times x$ に代入すると，

$$5.0 = 1.0 \times x$$
$$x = 5 \ （奇数）$$

したがって，点 Q は大きく振動することになります。

> 逆位相の場合，距離の差が半波長の奇数倍のときに，波は強め合うことになるよ。

気をつけて！

大きく振動する……答

6 波の反射・屈折・回折
かいせつ

問題

レベル ★★★

波に特徴的な現象についてまとめた次の表の空欄を埋めよ。

現象名	説　明
波の（ ① ）	波が異なる媒質を伝わる際に進行方向が曲がる現象。
波の（ ② ）	波が障害物の後ろに回り込む現象。
波の（ ③ ）	波が媒質の端に到達するとはね返る現象。

🍴 解くための材料

波の反射・屈折・回折
・反射：波が媒質の端に到達すると，反射する（反射の法則）。
・屈折：波が異なる媒質の境界に到達すると，屈折する（屈折の法則）。
・回折：波が障害物の後ろに回り込む。

解き方

　波が異なる媒質を伝わる際に進行方向が曲がる現象は，波の屈折です。

　波が障害物の後ろに回り込む現象は，波の回折です。

　波が媒質の端に到達するとはね返る現象は，波の反射です。

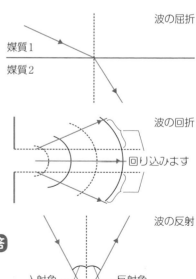

①屈折　②回折　③反射……答

反射・屈折・回折は，干渉と同じく波に特徴的な現象だよ！

波　動

7 波の反射

問題

レベル ★★★

境界に波が入射する。入射する波の伝わる向きを表す線が図のようになっている。このとき，反射した波の伝わる向きを表す線を描け。

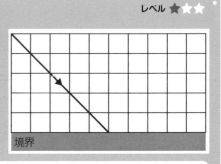

境界

🍴 解くための材料

波の反射：波は，媒質の端に到達すると，反射する。反射の法則は，次式で表される。

$$i=j \quad \begin{cases} 入射角 \ i \\ 屈折角 \ j \end{cases}$$

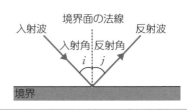

解き方 ･･

　入射する波の伝わる向きを表す線が，右に1目盛進むと下に1目盛進みます。よって，波の入射角は45°です。したがって，反射の法則より，波の反射角は45°です。図に示すと，次のようになります。

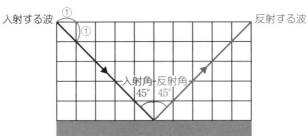

入射する波　　　　　　　　　　　　　　反射する波

入射角　反射角
45°　45°

･･････答

❗ 射線

波の伝わる向きを表す線を射線といいます。波面と射線は直交します。

目盛を確認して，反射波の進む向きを描こう！

8 波の屈折

問題

レベル ★★★

媒質1から媒質2に波が入射する。入射角が60°に対して，屈折角が30°であった。ただし，$\sqrt{3}=1.7$とする。

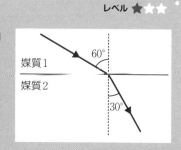

(1) 媒質1に対する媒質2の相対屈折率を求めよ。

(2) 媒質1での波の速さが1.0 m/sであった。媒質2での波の速さを求めよ。

🍴 解くための材料

波の屈折：異なる媒質に波が入射すると，波は屈折する。屈折の法則は，次式で表される。

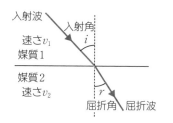

$$\frac{\sin i}{\sin r}=\frac{v_1}{v_2}=\frac{\lambda_1}{\lambda_2}=n_{12}$$

媒質1での波長 λ_1，媒質2での波長 λ_2
媒質1に対する媒質2の相対屈折率 n_{12}

解き方

(1) 屈折の法則より，

$$n_{12}=\frac{\sin i}{\sin r}=\frac{\sin 60°}{\sin 30°}=\frac{\dfrac{\sqrt{3}}{2}}{\dfrac{1}{2}}$$

$$=\sqrt{3}=1.7 \quad \textbf{1.7}\cdots\cdots 答$$

媒質1に対する媒質2の屈折率が求まれば，波の速さの比や波長の比もわかるね！

そうか！

(2) $\dfrac{v_1}{v_2}=n_{12}$ を変形して v_1 に1.0 m/sを代入します。

$$v_2=\frac{v_1}{n_{12}}=\frac{1.0}{\sqrt{3}}=\frac{1.0\sqrt{3}}{3}=\frac{1.7}{3}$$

$$=0.56\overset{7}{6}\cdots\fallingdotseq 0.57 \text{ m/s}$$

$$\textbf{0.57 m/s}\cdots\cdots 答$$

9 ホイヘンスの原理

問題

次の空欄を埋めよ。

波がある点に到達すると，その点を波源とする円形の（ ① ）波が進行方向に発生する。波の伝わる速さを v〔m/s〕とすると，（①）波の波面は t〔s〕後には，半径（ ② ）〔m〕となる。

🍽 解くための材料

ホイヘンスの原理：波面 AB 上の各媒質の振動によって，素元波とよばれる球面波が無数に発生する。この球面波に共通に接する面に次の瞬間の波面 A′B′ が生じて波が進んでいくと考えると，波動現象をうまく説明できる。

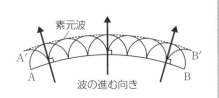

🍳 **解き方** ••••••••••••••••••••••••••••••••

波面上の各点は，それらの点を波源とした素元波を出しています。これらの素元波が共通に接する面が，それ以後の波面となります。波の伝わる速さを v〔m/s〕とすると，素元波の波面は t〔s〕後には半径 vt〔m〕となります。

①**素元**　②vt ……**答**

反射や屈折は，ホイヘンスの原理で説明できるよ！

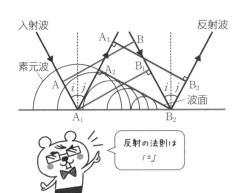

反射の法則は $i=j$

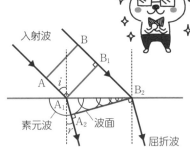

屈折の法則は

$$\frac{\sin i}{\sin r}=\frac{v_1}{v_2}=\frac{\lambda_1}{\lambda_2}=n_{12}$$

10 音の屈折

問題

レベル ★★★

空気中を伝わる音の速さは気温によって決まる。したがって，空気の温度が場所によって異なると，音は屈折して伝わる。右図のように，境界において気温が不連続に変化するものとし，地上から境界までの気温が境界から上空までの気温よりも低いとき，地上から進む音が境界後に進む向きは（ア），（イ）のどちらか。

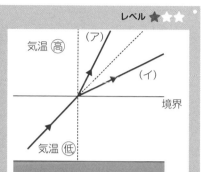

🍴 解くための材料

音の速さ：気温 t〔℃〕の空気中を伝わる音の速さ V〔m/s〕は，
$$V = 331.5 + 0.6\,t$$
屈折の法則
$$\frac{\sin i}{\sin r} = \frac{V_1}{V_2} \quad \begin{cases} 入射角\ i,\ 屈折角\ r \\ 媒質1での音速\ V_1,\ 媒質2での音速\ V_2 \end{cases}$$

解き方

　気温が低いと，音速は小さくなります。よって，境界より下での音速を V_1，境界より上での音速を V_2 とすると，$V_2 > V_1$ となります。

　屈折の法則は，

$$\frac{\sin i}{\sin r} = \frac{V_1}{V_2} < 1$$

　したがって，$\sin i < \sin r$
すなわち，$i < r$（入射角より屈折角の方が大きい）

（イ）……答

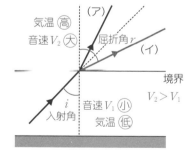

夜，遠くのところからの音が聞こえるのは，音の屈折が原因なんだ！

11 ドップラー効果

問題

次の空欄を埋めよ。

音源が観測者に近づいているとき,
観測者は音源の振動数 f[Hz]よりも

音源
f[Hz]
観測者
近づく　　　遠ざかる

（　①　）振動数の音を聞く。逆に音源が観測者から遠ざかっていると
き，観測者は音源の振動数 f[Hz]よりも（　②　）振動数の音を聞く。
このように，音源や観測者が運動することによって，音源の振動数と異
なった振動数の音が聞こえる現象を（　③　）という。

> **解くための材料**
>
> ドップラー効果：音源や観測者が動くと，音源の振動数と異なる振動数の音が
> 聞こえる現象。

解き方

　音源が観測者に近づいていると
き，観測者は音源の振動数 f[Hz]
よりも<u>大きい</u>振動数の高い音を聞き
ます。逆に，音源が観測者から遠ざ
かっているとき，観測者は音源の振
動数 f[Hz]よりも<u>小さい</u>振動数の
低い音を聞きます。

　このように，音源や観測者が相対
的に動くとき，音源の振動数と異な
る振動数の音が聞こえる現象のこと
を，<u>ドップラー効果</u>といいます。

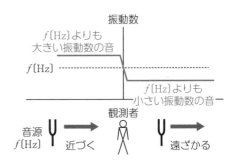

振動数

f[Hz]よりも
大きい振動数の音

f[Hz] - - - - - - - - - -

f[Hz]よりも
小さい振動数の音

音源
f[Hz]　近づく　　観測者　　遠ざかる

振動数が変化すると，音の大
きさではなく，高さが変化する
よ。救急車が自分の前を通り
過ぎるときに高さの差が確認で
きるよ！

①**大きい**　②**小さい**　③**ドップラー効果**……**答**

12 ドップラー効果（音源が動く場合）

問題

振動数640 Hz の音を出しながら 20.0 m/s の速さで右向きに進む音源 S がある。音源 S の進行方向前方にいる静止した観測者 O が聞く場合を考える。音の速さを 340 m/s とする。

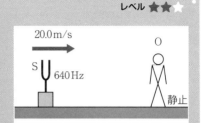

(1) 音源 S の右方に向けて伝わる音の波長を求めよ。

(2) 観測者 O に聞こえてくる音の振動数を求めよ。

🍽 解くための材料

ドップラー効果（音源が動く場合）：音源の進行方向前方は，音源が静止している場合と比較して波長は短くなる。

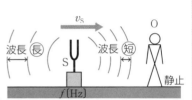

・進行方向前方の波長 λ'

$$\lambda' = \frac{V - v_S}{f} \quad \begin{cases} \text{音速 } V\text{(m/s)} \\ \text{音源の速さ } v_S\text{(m/s)} \end{cases}$$

・進行方向前方で聞こえる音の振動数 f'

$$f' = \frac{V}{\lambda'} = \frac{V}{V - v_S}f \quad （振動数は大きくなる）$$

🍳 解き方

音源が観測者に近づいているとき，音源の進行方向前方の波長は短くなり，聞こえてくる音の振動数は大きくなります。式に代入して，

(1) $\lambda' = \dfrac{V - v_S}{f} = \dfrac{340 - 20.0}{640} = \dfrac{320}{640} = 0.500 \text{ m}$ **0.500 m ⋯⋯答**

(2) $f' = \dfrac{V}{\lambda'} = \dfrac{V}{V - v_S}f = \dfrac{340}{340 - 20.0} \times 640 = 680 \text{ Hz}$ **680 Hz ⋯⋯答**

❗ 進行方向後方での波長・振動数

進行方向後方では，

波長は長くなる：$\lambda' = \dfrac{V + v_S}{f}$　　　振動数は小さくなる：$f' = \dfrac{V}{\lambda'} = \dfrac{V}{V + v_S}f$

13 ドップラー効果（観測者が動く場合）

問題

レベル ★★☆

振動数680 Hzの静止した音源Sがある。音源Sに向かって観測者Oが10.0 m/sの速さで進みながら聞く場合を考える。音の速さを340 m/sとする。

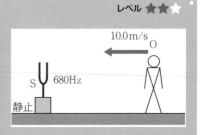

(1) 音源Sの右方に向けて伝わる音の波長を求めよ。

(2) 観測者Oに聞こえてくる音の振動数を求めよ。

🎦 解くための材料

ドップラー効果（観測者が動く場合）：音の波長は変化しない。観測者が聞く単位時間あたりの音の数が増えることにより、音の振動数が大きくなる。観測者に聞こえる音の振動数 f' は、

$$f' = \frac{V+v_0}{\lambda} = \frac{V+v_0}{V}f$$

$\begin{cases} 音速\ V\,\text{[m/s]} \\ 観測者の速さ\ v_0\,\text{[m/s]} \end{cases}$

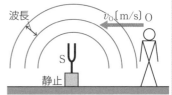

🍳 解き方

観測者が音源に近づいているとき、観測者が聞く単位時間あたりの音の数が増えることにより、音の振動数が大きくなります。式に代入して、

(1) $\lambda = \dfrac{V}{f} = \dfrac{340}{680} = 0.500$ m　　　　　　　**0.500 m**……答

(2) $f' = \dfrac{V+v_0}{\lambda} = \dfrac{V+v_0}{V}f = \dfrac{340+10.0}{340} \times 680 = 700$ Hz

700 Hz……答

音源が動く場合と異なるので、注意しよう！

❗ 観測者が遠ざかる場合

観測者が音源から速さ v_0 で遠ざかる場合は、振動数は小さくなる：$f' = \dfrac{V-v_0}{\lambda} = \dfrac{V-v_0}{V}f$

14 ドップラー効果（音源と観測者が動く場合）

問題

レベル ★★★

水平で平行なレール上を電車Sが，620 Hz の汽笛を鳴らしながら 30.0 m/s で図の向きに進んでいる。その前方に，観測者 O を乗

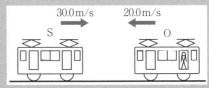

せた電車が 20.0 m/s でSと反対向きに走ってきた場合，音の速さを 340 m/s として，観測する汽笛の振動数を求めよ。

解くための材料

ドップラー効果（音源と観測者が動く場合）：音源が動くことで音の波長は変化し，さらに観測者が聞く単位時間あたりの音の数が増えることにより，音の振動数が大きくなる。音源→観測者の向きを正とすると，観測者に聞こえる音の振動数 f' は，

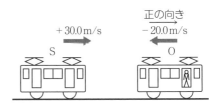

$$f' = \frac{V-v_O}{\lambda'} = \frac{V-v_O}{V-v_S}f$$

音速 V〔m/s〕，音源の速度 v_S〔m/s〕
観測者の速度 v_O〔m/s〕
音源から出る音の振動数 f〔Hz〕

解き方

音源の振動数 $f = 620$ Hz
音速 $V = 340$ m/s
音源の速度 $v_S = +30.0$ m/s
観測者の速度 $v_O = -20.0$ m/s

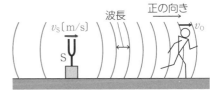

より，観測者に聞こえる音の振動数 f' は，

$$f' = \frac{V-v_O}{\lambda'} = \frac{V-v_O}{V-v_S}f = \frac{340-(-20.0)}{340-30.0} \times 620 = 720 \text{ Hz}$$

720 Hz……答

音源から観測者に向かう向きを正として，式を立てよう！

添字の
sはsource（源），
oはobserve（観測）
の意味があるよ！

15 光の波長と色

> **問題**
>
> 次の空欄を埋めよ。
> 光は真空中でも伝わる電磁波の一種である。人の目に感じる光のことを
> （　①　）という。（①）の波長は，3.8×10^{-7} m（　②　）色）〜
> 7.7×10^{-7} m（　③　）色）である。人は波長の違いを光の色の違い
> として認識する。
>
> > 🍴 **解くための材料**
> >
> > 光の波長と色：人の目に感じる光のことを可視光線という。可視光線は波長が
> > 長いものから短いものの順に，
> >
> > 　　　赤，橙，黄，緑，青，藍，紫
> >
> > となっている。なお，真空中を伝わる光の速さは波長に関係なく 3.0×10^{8} m/s
> > であることより，振動数は赤が小さく，紫が大きい。

🍳 **解き方**

　光は電磁波の一種です。人の目に感じる光のことを特に可視光線といいます。
可視光線は波長が長いものから順に，

波長：長い ←――――――――――→ 波長：短い						
赤 ，	橙 ，	黄 ，	緑 ，	青 ，	藍 ，	紫

となっています。よって，最も短い波長（3.8×10^{-7} m）は紫，最も長い波長
（7.7×10^{-7} m）は赤となります。

①可視光線　②紫　③赤……**答**

波長の長い色から順に，
次のように覚えよう！
赤橙黄緑青藍紫！

紫よりも波長の短い電磁波を紫外線，
赤よりも波長の長い電磁波を赤外線というよ！

❗ **スペクトル**

光の波長によって
分けたものを光の
スペクトルという。

16 光の速さ

問題

レベル ★★☆

光の速さの測定について，次の文章の空欄を埋めよ。

フィゾーは，図のような装置を用いて光速を求める実験を行った。歯車の歯の数をNとし，歯と歯のすき間は等間隔に空いているものとする。

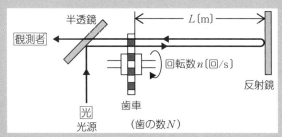

歯車の回転数を0から徐々に増加させていくと，光が往復する間に歯が隣のすき間に移動した場合，観測者に光が届かなくなる。このときの歯車の回転数をn〔回/s〕とする。歯車の周期は（　①　）であり，歯が隣のすき間に移動する時間を，n，Nを用いて表すと（　②　）である。

🍴 解くための材料

フィゾーの実験（光速を測定する実験）：観測者に光が届かない場合，歯が隣のすき間に移動する時間と光が歯車から反射鏡を往復する時間が等しい。

解き方

回転数とは，1秒あたり何回転するかを表す量です。1回転する時間が周期であることより，回転数をn〔回/s〕とすると，周期は$\dfrac{1}{n}$〔s〕です。

歯と歯のすき間は等間隔に空いており（N個），歯が隣のすき間に移動する時間は1回転する時間（周期）の$\dfrac{1}{2N}$倍なので，歯が隣のすき間に移動する時間は，

$$\frac{1}{n} \times \frac{1}{2N} = \frac{1}{2Nn}$$

となります。

① $\dfrac{1}{n}$　② $\dfrac{1}{2Nn}$ ……答

光の速さをc〔m/s〕，歯車から反射鏡までの距離をℓ〔m〕とすると，光が往復する時間は$\dfrac{2\ell}{c}$〔s〕になるね！

波動

17 光の屈折

問題

レベル ★☆☆

光が真空中から屈折率（絶対屈折率）が 1.4 の物質に入射角 45°で入射した。屈折角 r を求めよ。ただし，$\sqrt{2}=1.4$ とする。

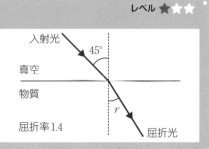

解くための材料

光の屈折：絶対屈折率が n_1，n_2 の媒質において，屈折の法則は，

$$\frac{\sin i}{\sin r} = \frac{n_2}{n_1}$$

である。

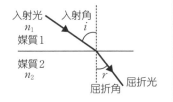

解き方

手順①
式に代入する量と単位を確認する

媒質1（真空）の屈折率　$n_1 = 1$
媒質2（物質）の屈折率　$n_2 = 1.4$
入射角　$i = 45°$

光の場合，真空が基準となっているから，真空の絶対屈折率は1なんだ。

手順②
式に代入して計算する

屈折の法則 $\dfrac{\sin i}{\sin r} = \dfrac{n_2}{n_1}$ に代入して，

$$\frac{\sin 45°}{\sin r} = \frac{1.4}{1} \quad より，\quad \sin r = \frac{\sin 45°}{1.4}$$

$\sin 45° = \dfrac{\sqrt{2}}{2} = \dfrac{1.4}{2}$ であることから，$\sin r = \dfrac{1}{2}$

したがって，$r = 30°$　　$r = 30°$ ……答

物質の絶対屈折率は，真空に対する物質の相対屈折率なんだね！

18 光路長（光学距離）

問題

レベル ★★☆

光が屈折率 1.4 の物質中を距離 3.0 m 進む場合を考える。この場合の光路長（光学距離）を求めよ。

🍲 解くための材料

光路長（光学距離）：屈折率 n の媒質中を光が距離 L〔m〕だけ進む場合，光路長（光学距離）は，

nL〔m〕

である。

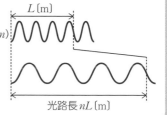

媒質中
（屈折率 n）

真空中

L〔m〕

光路長 nL〔m〕

解き方

手順 1

式に代入する量と単位を確認する

物質の屈折率　$n = 1.4$

物質中を進む距離　$L = 3.0$ m

手順 2

式に代入して計算する

したがって，光路長（光学距離）は，

$nL = 1.4 \times 3.0$

$= 4.2$ m

4.2 m……答

❗ 光の速さ

真空中：$c = 3.0 \times 10^8$ m/s

物質中（屈折率 n）：$\dfrac{c}{n}$

物質の屈折率は真空の屈折率よりも大きいので，物質中での光の速さは小さくなる。その分，同じ長さを通過する時間は真空中に比べて物質中の方が長いんだ！

あっ，光の場合，真空が基準となっているから，真空に比べて屈折率をかけた分だけ距離が伸びると考えたものが，光路長なんだね！

そうか！

波　動

19 光の全反射

問題

レベル ★★☆

空気と水の絶対屈折率はそれぞれ
1.00，1.33である。光が水中から
空気中へと進む場合の臨界角を i_0 と
するとき，$\sin i_0$ を求めよ。

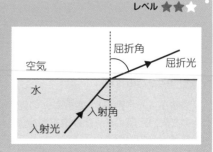

🍴 解くための材料

全反射：絶対屈折率が n_1，n_2 の媒質に
おいて，屈折の法則は，

$$\frac{\sin i}{\sin r} = \frac{n_2}{n_1}$$

である。$n_1 > n_2$ の場合，屈折角 r は入
射角 i よりも大きい。屈折角が90°とな
る入射角を臨界角という。臨界角よりも
大きい入射角の場合，光は全反射する。

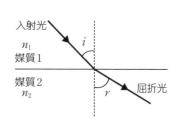

解き方 ‥‥‥‥‥‥‥‥‥‥‥‥‥‥‥‥‥

手順❶

式に代入する
量と単位を確
認する

$\begin{cases} \text{媒質1（水）の屈折率} \quad n_1 = 1.33 \\ \text{媒質2（空気）の屈折率} \quad n_2 = 1.00 \\ \text{臨界角 } i_0 \text{ のとき，屈折角が90°} \end{cases}$

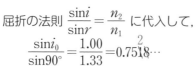

手順❷

式に代入して
計算する

屈折の法則 $\dfrac{\sin i}{\sin r} = \dfrac{n_2}{n_1}$ に代入して，

$$\frac{\sin i_0}{\sin 90°} = \frac{1.00}{1.33} = 0.7518\cdots$$

$$\fallingdotseq 0.752$$

$\sin 90° = 1$ より，$\sin i_0 = 0.752$

$$\boxed{\sin i_0 = 0.752}\cdots\cdots \text{答}$$

屈折率が大→小の媒質に進む
ときに，全反射が起こる可能
性があるよ！

124

20 レンズ

問題

レベル ★★★

光軸に平行な光線がレンズを通過した後の進み方を図示せよ。

(1) 凸レンズ

(2) 凹レンズ

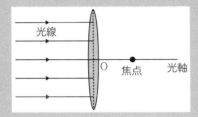

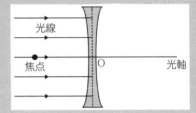

🍽 解くための材料

レンズは，光の屈折を利用して光を集めたり，広げたりする。光軸に平行な光線を入射すると，凸レンズの場合，光は一点に集まる。凹レンズの場合，光は一点から広がるように進む。この点を焦点といい，レンズから焦点までの距離を焦点距離という。

解き方

(1) 凸レンズの場合，光軸に平行な光線を入射すると，光は焦点に集まります。したがって，右図のような光線となります。

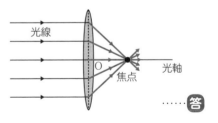

……答

(2) 凹レンズの場合，光軸に平行な光線を入射すると，光は焦点から出たかのように広がります。したがって，右図のような光線となります。

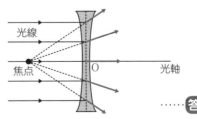

……答

焦点が1個だけ描かれているけど，
凸レンズ，凹レンズともにレンズの
前後等距離のところに2個あるよ。

125

波 動

21 凸レンズ（実像）

問題

レベル ★★★

図のように物体 PQ と凸レンズがある。F_1, F_2 は凸レンズの焦点である。レンズによってできる像 P′ Q′ を作図せよ。

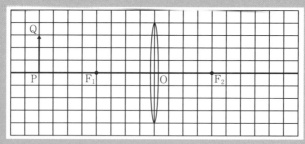

◉ 解くための材料

凸レンズを通過する光線の作図
①光軸に平行な光線は，レンズを通過後，焦点 F_2 を通過する。
②レンズの中心を通る光線は，レンズ通過後も直進する。
③レンズの前方の焦点 F_1 を通る光線は，レンズを通過後，光軸に平行に進む。

解き方 ●●●●●●●●●●●●●●●●●●●●●●●●●●●●●●●●●●●●

Q から出る光は次のようになります。

光軸に平行な光線は，レンズを通過後，焦点 F_2 を通過します（①）。レンズの中心を通る光線は，レンズ通過後も直進します（②）。レンズの前方の焦点 F_1 を通る光線は，レンズを通過後，光軸に平行に進みます（③）。

一点で交わるところが Q′ となり，像 P′ Q′ は図のようになります。

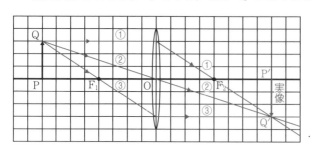

光が実際に集まってできた像だから実像というよ。

……答

126

22 凸レンズ（虚像）

問題　　　　　　　　　　　　　　　　　　　　　レベル ★★☆

図のように物体 PQ と凸レンズがある。F₁，F₂ は凸レンズの焦点である。レンズによってできる像 P′ Q′ を作図せよ。

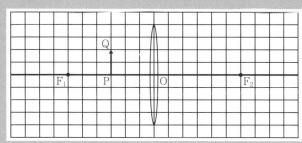

解くための材料

凸レンズを通過する光線の作図
①光軸に平行な光線は，レンズを通過後，焦点 F_2 を通過する。
②レンズの中心を通る光線は，レンズ通過後も直進する。
③レンズの前方の焦点 F_1 を通ってくるかのような光線は，レンズを通過後，
　光軸に平行に進む。

解き方　• •

光線①，②は前問と同様に描けます。

　レンズの前方の焦点 F_1 を通ってくるかのような光線は，レンズを通過後，光軸に平行に進みます（③）。したがって，像 P′ Q′ は①～③の光線を延長して，図のようになります。この像は実際には光は集まっていないので虚像といいます。

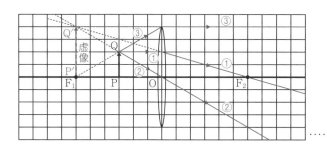

虚像は常に焦点
F_1 上にあるわけで
はないよ。

気をつけて！

……**答**

127

波動

23 凹レンズ（虚像）

問題

図のように物体 PQ と凹レンズがある。F_1, F_2 は凹レンズの焦点である。レンズによってできる像 P′ Q′ を作図せよ。

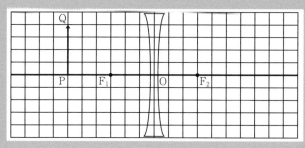

🍴 解くための材料

凹レンズを通過する光線の作図
①光軸に平行な光線は，レンズを通過後，焦点 F_1 から出てきたように進む。
②レンズの中心を通る光線は，レンズ通過後も直進する。
③レンズの後方の焦点 F_2 に向かう光線は，レンズを通過後，光軸に平行に進む。

解き方 •

　光軸に平行な光線は，レンズを通過後，焦点 F_1 から出てきたように進みます（①）。レンズの中心を通る光線は，レンズ通過後も直進します（②）。レンズの後方の焦点 F_2 に向かう光線は，レンズを通過後，光軸に平行に進みます（③）。

　レンズの後方では実際には光は集まっていません。PQ から出た光は P′ Q′ から出たように見えるので，像 P′ Q′ は図のような虚像となります。

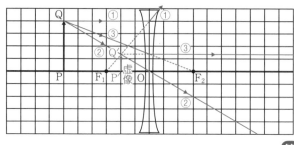

凹レンズは光を広げるので，実像をつくることはないよ。

 ……答

128

24 レンズの式

問題

レベル ★★★

表内の空欄に正・負の文字を埋めよ。

物体のレンズまでの距離を a [m]，像のレンズまでの距離を b [m]，レンズの焦点距離を f [m]とする。これらの符号を表のように定めておけば，これらの関係を次式にまとめることができる。

$$\frac{1}{a} + \frac{1}{b} = \frac{1}{f}$$

	焦点距離 f	物体までの距離 a	像までの距離 b
凸レンズ	（　①　）	正	実像（　③　） 虚像（　④　）
凹レンズ	（　②　）	正	虚像（　⑤　）

🍽 解くための材料

物体のレンズまでの距離 a やレンズの焦点距離 f，像のレンズまでの距離 b などの関係は，凸レンズと凹レンズでも異なるし，実像か虚像かでも異なる。そこで表のように正負を定めれば，レンズの式を共通な式として用いることができる。

解き方

それぞれの文字には符号が含まれます。f の符号は凸レンズでは正，凹レンズでは負です。b の符号は，実像が正，虚像が負です。a は常に正とします。

①正　②負　③正　④負　⑤負……**答**

次ページの問題で
使い方をマスターしよう！

b の値が正だと実像，
負だと虚像！

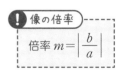

！ 像の倍率

$$倍率\ m = \left| \frac{b}{a} \right|$$

f の符号は
凸レンズは正，
凹レンズは負！

25 レンズの式の練習

問題

(1) 焦点距離12.0 cm の凸レンズの光軸上36.0 cm のところに物体を光軸に直角に立てた。できる像の位置と像の種類，倍率を求めよ。

(2) (1)の凸レンズを焦点距離が12.0 cm の凹レンズに取り替えた。このときにできる像の位置，できる像の種類，倍率を求めよ。

🍽️ 解くための材料

レンズの式

$$\frac{1}{a} + \frac{1}{b} = \frac{1}{f} \qquad 像の倍率\ m = \left| \frac{b}{a} \right|$$

	焦点距離 f	物体までの距離 a	像までの距離 b
凸レンズ	正	正	実像　正 虚像　負
凹レンズ	負	正	虚像　負

🍳 解き方

(1) レンズの式 $\dfrac{1}{a} + \dfrac{1}{b} = \dfrac{1}{f}$ に代入して，

$$\frac{1}{36.0} + \frac{1}{b} = \frac{1}{12.0} \qquad \frac{1}{b} = \frac{1}{12.0} - \frac{1}{36.0} = \frac{3-1}{36.0} = \frac{2}{36.0} = \frac{1}{18.0}$$

よって，$b = 18.0$ cm

$b > 0$ であることより実像，倍率は $m = \left| \dfrac{b}{a} \right| = \dfrac{18.0}{36.0} = 0.500$ 倍

レンズの後方18.0 cm の位置，実像，0.500 倍……**答**

(2) レンズの式 $\dfrac{1}{a} + \dfrac{1}{b} = \dfrac{1}{f}$ に代入して，

$$\frac{1}{36.0} + \frac{1}{b} = \frac{1}{-12.0} \qquad \frac{1}{b} = -\frac{1}{12.0} - \frac{1}{36.0} = \frac{-3-1}{36.0} = -\frac{1}{9.0}$$

よって，$b = -9.0$ cm

$b < 0$ であることより虚像，倍率は $m = \left| \dfrac{b}{a} \right| = \dfrac{9.0}{36.0} = 0.25$ 倍

レンズの前方9.0 cm の位置，虚像，0.25 倍……**答**

26 平面鏡

問題

レベル ★★☆

鏡において，光は反射の法則に
したがって反射する。Qから出
る光線が平面鏡で反射された後
の光線を適当に2本引き，その
結果を用いて平面鏡がつくる虚
像 P′Q′ を作図せよ。

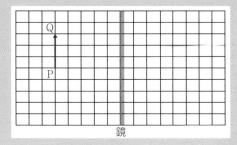

鏡

🍴 解くための材料

平面鏡における反射：光は反射の法則（入射角＝反射角）にしたがって進む。
平面鏡は虚像をつくる。

解き方

Qから出て鏡に向かい，反射の法
則にしたがう光を適当に2本描いて
みると，右図のようになります。

反射して進む光を鏡の奥に延ばす
と，光は一点から出たかのようにな
ります。これが虚像 P′Q′ の Q′ と
なります。

虚像 P′Q′ は図のようになります。

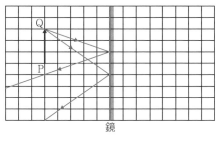

鏡

洗面台などの鏡に映る
像は虚像なんだね！

そうか！

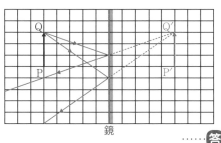

鏡

……答

波 動

27 球面鏡（凹面鏡・凸面鏡）

問題

光軸に平行な光線が球面鏡を通過した後の進み方を図示せよ。

(1) 凹面鏡

光線
光軸
球の中心　焦点
凹面鏡

(2) 凸面鏡

光線
光軸
焦点　球の中心
凸面鏡

🍴 解くための材料

球面鏡：表面が凹の鏡を凹面鏡という。凹面鏡に光軸に平行な光線を入射させると，焦点を通過する。表面が凸の鏡を凸面鏡という。凸面鏡に光軸に平行な光線を入射させると，焦点から放射状に広がる。

🍳 解き方

(1) 凹面鏡の場合，光軸に平行な光線が入射すると，光は焦点に集まります。よって，図のような光線となります。

光線
光軸
球の中心　焦点
凹面鏡
……答

(2) 凸面鏡の場合，光軸に平行な光線が入射すると，光は焦点から出てきたかのように広がります。よって，図のような光線となります。

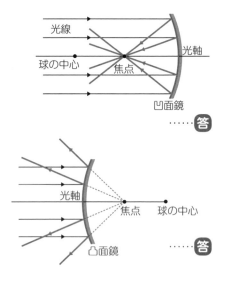

光軸
焦点　球の中心
凸面鏡
……答

鏡に入射する光線は，反射の法則に従って反射されているんだ！

28 球面鏡の式

問題

レベル ★★★

表内の空欄に正・負の文字を埋めよ。

物体の球面鏡までの距離を a [m]，像の球面鏡までの距離を b [m]，球面鏡の焦点距離を f [m] とする。これらの符号を表のように定めておけば，これらの関係を次式にまとめることができる。

$$\frac{1}{a} + \frac{1}{b} = \frac{1}{f}$$

	焦点距離 f	物体までの距離 a	像までの距離 b
凹面鏡	（ ① ）	正	実像（ ③ ） 虚像（ ④ ）
凸面鏡	（ ② ）	正	虚像（ ⑤ ）

🍴 解くための材料

物体の球面鏡までの距離 a や球面鏡の焦点距離 f，像の球面鏡までの距離 b などの関係は，凹面鏡と凸面鏡でも異なるし，実像か虚像かでも異なる。そこで表のように正負を定めれば，レンズの式と同様に，球面鏡の式として用いることができる。

🍳 解き方

それぞれの文字には符号が含まれます。f の符号は凹面鏡は正，凸面鏡は負です。b の符号は，実像が正，虚像が負です。a は常に正とします。

①正　②負　③正　④負　⑤負……**答**

式の形はレンズの式とまったく同じなんだね！

f の符号は
凹面鏡が正，
凸面鏡が負！

❗ **像の倍率**

倍率 $m = \left| \dfrac{b}{a} \right|$

29 ヤングの実験①

問題

次の空欄を埋めよ。

ヤングの実験では，光源から出た単
色光を，単スリット S_0 と近接したス
リット S_1，S_2 を通して正面のスク
リーンに当てると，明暗の（　①　）
ができる。これは，スリット S_1，S_2
から出る光が（　②　）して広がっ
て，スクリーン上で（　③　）するからである。これは光が（　④　）
である根拠となる実験である。

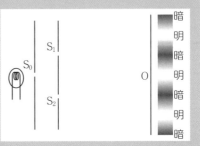

🔍 解くための材料

　ヤングの実験：２つのスリットから出る光によって干渉縞（かんしょうじま）が見える実験である。
干渉が観察されることより，光の波動説の根拠となるものである。

解き方

　光源から出た光はスリット S_0 で回折
してスリット S_1，S_2 に到達します。そ
れらを通過した光は回折を生じて広がっ
ていきます。スクリーン上に到達した
２つの波はスリットからの道のりの差
に応じて，強め合ったり弱め合ったり
して，明暗の縞（しま）模様（もよう）が生じます。これ
は，光の干渉が原因です。ヤングの実
験は，光が波動であることの根拠とな
る実験です。

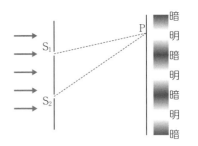

道のりの差 $|S_1P-S_2P|$ によっ
て，明るくなる場所と暗くな
る場所が出てくるよ！

①縞（模様）　②回折　③干渉　④波動……答

30 ヤングの実験②

問題

レベル ★★☆

次の空欄を埋めよ。

ヤングの実験において，点 P が明点となる条件について考察する。スリット S_1, S_2 間の距離を d [m]，スリットからスクリーンま

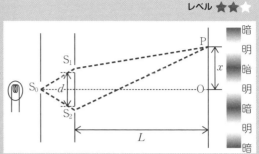

での距離を L [m]，OP を x [m] とし，道のりの差 $|S_1P - S_2P|$ を計算すると $\dfrac{xd}{L}$ となる。

これより，点 P が明点となる条件は，波の波長 λ [m]，$m = 0, 1, 2, \cdots$ を用いると，$x = ($　　$)$ となる。

解くための材料

ヤングの実験：2つのスリットから出る光は同位相である。この2つの光の道のりの差が0または半波長の偶数倍の場合，2つの光は強め合う。

解き方

スリット S_1，S_2 から出た光が点 P に到達します。スリットからの道のりの差が $|S_1P - S_2P| = \dfrac{xd}{L}$ であることより，これが0または半波長の偶数倍の場合，2つの光は強め合うことになります。

よって，

$$\frac{xd}{L} = \frac{\lambda}{2} \times \underset{\text{偶数倍}}{2m} \quad (\text{ただし，} m = 0, 1, 2, \cdots)$$

波の干渉は P109

したがって，

$$x = \frac{mL\lambda}{d}$$

$$\boxed{\dfrac{mL\lambda}{d}} \cdots\cdots \text{答}$$

干渉条件を思い出そう！

135

31 回折格子による干渉①

問題

次の空欄を埋めよ。

回折格子（溝を平行に等間隔につけたもの。溝の間隔は d〔m〕）の面に垂直に波長 λ〔m〕のレーザー光を当てると，後方のスクリーンに明点が生じる。溝の部分では，光は通過しないが，溝と溝のすき間の部分で光が回折して進み，点Pに向

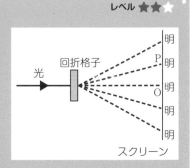

かう光の方向と入射光の方向のなす角度を θ とすると，隣り合うすき間から点Pまでの光の道のりの差は $d\sin\theta$ である。点Pで光が強め合う条件は，$m = 0, 1, 2, \cdots$ を用いると，$d\sin\theta = ($　　$)$ となる。

🍴 解くための材料

回折格子による干渉：溝の部分では光は乱反射（さまざまな方向に反射）されることにより，光は溝の部分は通過しない。溝の部分が壁だと思えばよい。ヤングの実験は2つのスリットの実験であったが，回折格子による実験は非常に多くのスリットによる実験である。

🍳 解き方

光が通過するすき間について，隣り合うすき間から点Pまでの光の道のりの差は，図のように $d\sin\theta$ です。

したがって，点Pで光が強め合う条件は，道のりの差が半波長の偶数倍になることなので，

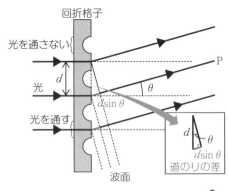

$$d\sin\theta = \frac{\lambda}{2} \times \underset{\text{偶数倍}}{2m} = m\lambda$$

$$m\lambda \cdots \text{答}$$

波の干渉は P109

32 回折格子による干渉②

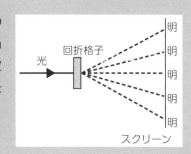

問題

レベル ★★☆

格子定数（溝の間隔）1.0×10^{-6} m の回折格子の面に垂直にレーザー光線を当てると，入射方向から $30°$ の方向に1次（$m=1$）の明点が生じた。この光の波長は何 m か。

🍴 解くための材料

回折格子による干渉：明点の条件は，次のようになる。

$$d \sin \theta = m \lambda \quad (m=0,\ 1,\ 2,\ \cdots) \qquad \begin{cases} 格子定数 \ d\,\text{(m)} \\ 回折角 \ \theta \ \text{(°)} \\ 波長 \ \lambda \ \text{(m)} \end{cases}$$

解き方

 手順1
式に代入する量と単位を確認する

$$\begin{cases} d=1.0 \times 10^{-6} \ \text{m} \\ \theta=30° \\ m=1 \end{cases}$$

 手順2
式に代入して計算する

これらを $d \sin \theta = m \lambda$ に代入して，

$$1.0 \times 10^{-6} \times \sin 30° = 1 \times \lambda$$

$$\lambda = 1.0 \times 10^{-6} \times \frac{1}{2}$$

よって，$\lambda = 5.0 \times 10^{-7}$ m

$$5.0 \times 10^{-7} \ \text{m} \cdots\cdots \text{答}$$

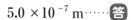

回折格子の溝は1mmの間に10～1000本程度あるよ。溝の間隔 d を格子定数というよ！

137

33 薄膜干渉①

問題

次の空欄を埋めよ。

2本の平行光線（波長 λ [m]）が，屈折率 n（>1），厚さ d [m] の膜に斜めに入射する。2本の光のうち1本が膜の B の部分に入射すると，その光は屈折角 r で屈折する。2本の光の道のり

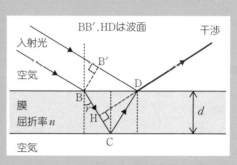

の差を計算すると $2d\cos r$ となる。光路長の差は（　　　　）となる。

解くための材料

薄膜干渉：薄膜による光の干渉は，「薄膜表面で反射された光」と「膜に入った光がもう一方の膜の表面で反射され再び膜の外に出た光」とが干渉することによって生じる。道のりの差に対して，屈折率をかけると光路長の差が求められる。

解き方

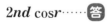

2本の光に道のりの差が生じることで，干渉が起こります。2つの光の道のりの差は HC＋CD であり，これは $2d\cos r$ です（右図参照）。この道のりの差は膜中で生じていることより，光路長の差は屈折率をかけた $2nd\cos r$ となります。

$2nd\cos r$ ……答

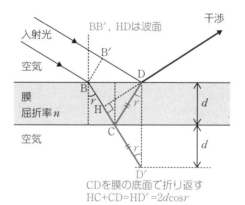

CDを膜の底面で折り返す
HC＋CD＝HD′ ＝$2d\cos r$

そうか！

シャボン玉の膜が色づく現象は，薄膜の干渉だね！

三角形DHD′に着目すると，道のりの差が$2d\cos r$であるとわかるよ！

34 薄膜干渉②

問題

次の空欄を埋めよ。

前ページの問題33で，膜に入る光は点Cで，膜に入らない光は点Dで反射する。このうち，反射において位相がπ変化するのは点（　　）で反射する光である。

🍴 解くための材料

薄膜干渉：薄膜による光の干渉において，反射によって位相の変化が生じる。空気の屈折率（絶対屈折率）はほぼ1に等しく，膜の屈折率は n（> 1）であることから，反射による位相の変化は次のようになる。

空気（屈折率⑪）→膜（屈折率⑭）における反射	位相がπ変化する
膜（屈折率⑭）→空気（屈折率⑪）における反射	位相は変化しない

 解き方

屈折率が小さい物質から大きい物質へ向かって光が入射したとき，反射光の位相はπ変化します。したがって，Cにおける反射において位相の変化はないですが，Dにおける反射において位相はπずれることになります。

D……答

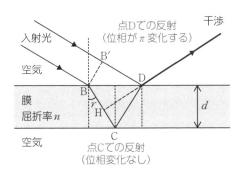

点Dでの反射
（位相がπ変化する）

入射光

空気

膜
屈折率n

空気

点Cでの反射
（位相変化なし）

干渉

光路長の差は $2nd\cos r$
片方の光は位相変化があるから
……逆位相の干渉かな？

薄膜の強め合う干渉条件は，
$$2nd\cos r = \frac{\lambda}{2} \times (2m+1)$$
となるね！

35 くさび形空気層による干渉

2枚の平面ガラスを用いて，Oから距離0.20 mの位置に厚さ$2.0×10^{-5}$ mの紙をはさんでくさび形の空気層をつくる。真上から波長$5.2×10^{-7}$ mの単色光を当てたところ，明暗の干渉縞が観測された。明線の間隔Δxは何mか。

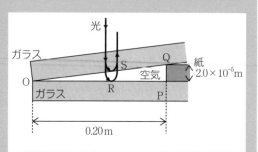

解くための材料

くさび形空気層による干渉：上のガラスの下面Sで反射する光と，下のガラスの上面Rで反射する光で干渉をする。点Rでπの位相変化が生じる。

解き方

Oからの距離をx〔m〕，SRの空気層の厚さをd〔m〕としたとき，光の道のりの差は，$2d$

三角形の相似の関係から，

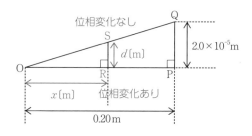

$$d = \frac{2.0×10^{-5}×x}{0.20}$$ より，

$$2d = 2.0×10^{-4}×x$$

となる。反射による位相変化はRで生じるので，明線の条件は，

$$2.0×10^{-4}×x = \frac{5.2×10^{-7}}{2}×(2m+1) \quad （ただし，m=0,1,2,\cdots）$$

よって，明線の間隔Δx（$m=0$のときのxと$m=1$のときのx'を考える）は，

$$\Delta x = x' - x = \frac{5.2×10^{-7}}{2.0×10^{-4}×2}×(\underset{m=1のとき}{3} - \underset{m=0のとき}{1})$$

$$= 2.6×10^{-3}\,\text{m}$$

$$\mathbf{2.6×10^{-3}\,m}\cdots\cdots$$

36 ニュートンリング

問題

レベル ★★★

空気中で，平面ガラスの上に，半径 R[m] の球面をもつ平凸レンズを図のように置く。上方から垂直に波長 λ [m] の光を当て，上方から観察すると，同心円状の明暗の縞模様が見えた。ただし，平面ガラスの中心 O から r[m] 離れた位置 Q でのレンズとガラスの空気層の厚さ d は $\dfrac{r^2}{2R}$ と近似できる。

上方から観察した場合，暗くなる位置 r を，R，λ，m（ただし，$m = 0, 1, 2, \cdots$）を用いて表せ。

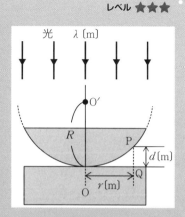

🍴 解くための材料

ニュートンリング：上の平凸レンズの下面 P で反射する光と，下の平面ガラスの上面 Q で反射する光とが干渉することで観察される同心円状の縞模様のこと。反射においては π の位相変化が Q で生じる。

🍳 解き方

右図のように，ニュートンリングは，上の平凸レンズの下面 P で反射する光と，下の平面ガラスの上面 Q で反射する光による干渉を考える。2 つの光の道のりの差は，

$$2 \times d = 2 \times \frac{r^2}{2R} = \frac{r^2}{R}$$

です。反射による位相変化は Q で生じるので，暗くなる（弱め合う）条件は，

$$\frac{r^2}{R} = \frac{\lambda}{2} \times 2m \qquad \text{よって，} \quad r = \sqrt{m\lambda R}$$

$$r = \sqrt{m\lambda R} \cdots \text{答}$$

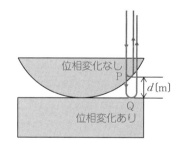

逆位相の弱め合う条件だね！

組み合わせレンズ

「生物基礎の授業のときに顕微鏡で見たものって，虚像ですよね？」

「顕微鏡や望遠鏡などの光学機器はレンズを2枚組み合わせているんだよ」

「……でも，レンズ2枚の組み合わせでどのように像をつくっているんだろう？」

「顕微鏡は対物レンズと接眼レンズから構成されているんだ。物体PQを対物レンズの焦点のわずかに外側に置くことで，倒立の実像P′Q′が得られる。この実像P′Q′の位置が，接眼レンズの焦点より内側にあれば，接眼レンズによって正立の虚像P″Q″を得られる。私たちは，顕微鏡でこの虚像P″Q″を観察しているんだ」

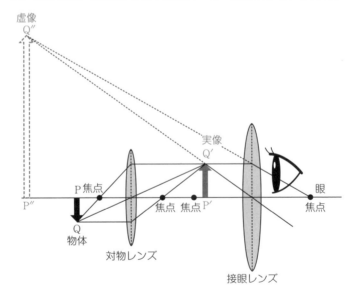

「なるほど！　顕微鏡のステージを動かすとき，違和感があったのは，像が物体に対して倒立だったからなんですね！」

「組み合わせレンズは，一方のレンズによってできる像を，もう一方のレンズにおける物体であるとみなせばいいんだよ」

142

電磁気

1 電気量保存の法則

問題

同じ材質，同じ半径の２つの金属球 A，B がある。金属球 A は 9.0×10^{-9} C に帯電しており，B は -1.0×10^{-9} C に帯電している。金属球 A，B を接触させたあとに，離した。離したあとの A と B の電気量は何 C か。

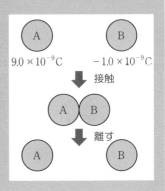

解くための材料

電気量保存の法則：物体は移動した電子の分だけ帯電する。帯電した物体のもつ電気を電荷，電荷の量を電気量という。電気量の単位として，〔C〕（クーロン）を用いる。

q_A，q_B に帯電した物体 A，B が接触し，再び離れたときの A，B の電気量をそれぞれ Q_A，Q_B とすると，これらの間には次の関係が成り立つ。

$$q_A + q_B = Q_A + Q_B$$

解き方

最初，A は正に帯電（9.0×10^{-9} C）し，B は負に帯電（-1.0×10^{-9} C）していました。A と B の電気量の合計は次のようになります。

$$q_A + q_B = 9.0 \times 10^{-9} \text{C} + (-1.0 \times 10^{-9} \text{C}) = 8.0 \times 10^{-9} \text{C}$$

同じ材質，同じ半径の２つの金属球を接触して離した場合，金属球は等しい電気量だけ帯電します。電気量保存の法則において，$Q_A = Q_B$ であることより，

$$Q_A + Q_B = 2Q_A = 8.0 \times 10^{-9} \text{C} \qquad Q_A = Q_B = 4.0 \times 10^{-9} \text{C}$$

A：4.0×10^{-9} C，B：4.0×10^{-9} C……**答**

正に帯電した A の電気量が減っているね。負の電荷である電子は B から A に移動したんだね。

2 クーロンの法則①

問題

レベル ★★★

2つの電荷 A, B が 0.30 m 離れている。A の電気量は 4.0×10^{-5} C, B の電気量は 2.0×10^{-5} C である。クーロンの法則の比例定数を 9.0×10^9 N·m²/C² とする。

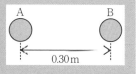

(1) 2つの電荷の間にはたらく力の向きは引き合う向きか, 反発する向きか。

(2) 2つの電荷の間にはたらく力の大きさは何 N か。

🍽 解くための材料

クーロンの法則

静電気力 { 引力：正電荷と負電荷
斥力（反発力）：正電荷と正電荷，負電荷と負電荷

静電気力の大きさ $F = k_0 \dfrac{q_A q_B}{r^2}$ { 電気量の大きさ q_A〔C〕, q_B〔C〕
距離 r〔m〕
クーロンの法則の比例定数 k_0〔N·m²/C²〕

解き方

電気をもつ2つの物体間にはたらく力を静電気力といいます。

(1) 2つの物体のもつ電気はともに正です。正電荷どうしであることより, 反発する力を及ぼし合います。　　**反発する向き**……答

(2) 問題の内容を図に表し, クーロンの法則の式に代入します。

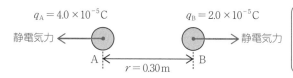

$$F = k_0 \frac{q_A q_B}{r^2} = 9.0 \times 10^9 \times \frac{(4.0 \times 10^{-5}) \times (2.0 \times 10^{-5})}{0.30^2}$$

$$= 80 \text{ N} \quad \textbf{80 N} \cdots\cdots 答$$

静電気力の大きさは,
2つの電気量の大きさ
の積に比例し, 距離
の2乗に反比例するよ！

チェック

3 クーロンの法則②

問題

正に帯電した質量 m [kg] の物体 A が，天井からつるされている糸の下端につけられている。負に帯電した物体 B を A と同じ高さである距離まで近づけたところ，糸は鉛直方向と角度 θ を保ってつり合った。重力加速度の大きさを g [m/s²] とする。

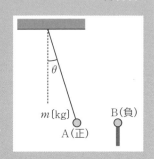

(1) 糸の張力の大きさを求めよ。

(2) 静電気力の大きさを求めよ。

🍴 解くための材料

3 力のつり合い：物体 A が受ける力は，重力と張力と静電気力である。3 力のつり合いの式を，水平方向と鉛直方向で立てる。

解き方

手順1
問題の内容を図に表し，物理量を確認する

物体 A が受ける力は重力と張力，そして静電気力です。これらを図示すると，右図のようになります。張力の大きさを T [N]，静電気力の大きさを F [N] とし，水平方向（右向きを正）と鉛直方向（上向きを正）で力のつり合いの式を立てます。

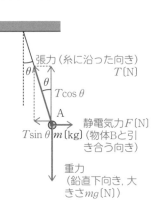

手順2
式を立てる

水平方向：$F + (-T\sin\theta) = 0$ …①

鉛直方向：$T\cos\theta + (-mg) = 0$ …②

(1) ②より，$T = \dfrac{mg}{\cos\theta}$ $\boxed{\dfrac{mg}{\cos\theta}}$ ……答

(2) (1)の結果を①に代入して，
$$F = \frac{mg}{\cos\theta}\sin\theta = mg\tan\theta$$
$\boldsymbol{mg\tan\theta}$ ……答

力のつり合いで解けるんだね！

4 静電誘導

問題

レベル ★★★

次の空欄を埋めよ。

鉄や銅などの金属は電気を通しやすい。これらの物質を（　①　）という。（①）に負の帯電体を近づけると，（①）の帯電体に近い側は（　②　）に帯電し，反対側は（　③　）に帯電する。このような現象のことを（　④　）という。これは（①）の中で自由に動き回る（　⑤　）が存在していることによって生じている。

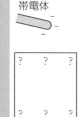

帯電体

🍽 解くための材料

導体の静電誘導：電気を通しやすい物質を導体という。導体に帯電体を近づけると，導体中に存在している自由電子が静電気力を受け，導体の帯電体に近い側に異符号の電荷が，反対側に同符号の電荷が現れる。

🍳 解き方 ••••••••••••••••••••••••••••••••••••••

電気を通しやすい物質のことを導体といいます。導体に負の帯電体を近づけると，導体中に存在している自由電子が反発する向きに静電気力を受け，導体の帯電体とは反対側が負に帯電します。一方，自由電子が移動することによって，導体の帯電体に近い側は正に帯電します。このような現象のことを導体の静電誘導といいます。

帯電体

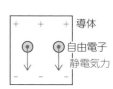

導体
自由電子
静電気力

①導体　②正　③負
④静電誘導　⑤自由電子……答

近づける帯電体が正であれば，導体内の自由電子が引き寄せられて，帯電体に近い側が負になるよ。

－（負）と－（負）は反発して自由電子が移動するんだね！

5 箔検電器①

問題

帯電していない箔検電器がある。この箔検電器に負の帯電体を近づけた。箔検電器の上部の金属板と下部の箔には，それぞれどのような電荷が現れるか。正の電荷が現れる場合には+を，負電荷の場合には−を，電荷が現れない場合には0として示せ。

帯電体

金属板

箔検電器

箔

🎯 解くための材料

箔検電器：箔検電器は静電誘導を利用して，物体が電荷を帯びているかどうかや，帯電体の電荷の正負を調べる装置である。

解き方

箔検電器は右図のような構造をしており，箔検電器上部の金属板に負の帯電体を近づけると，箔検電器中に存在している自由電子が反発する向きに静電気力を受け，箔検電器の箔の部分に集まります。箔どうしは負に帯電していることにより反発し，箔が開くことになります。このとき，自由電子の移動先である箔部分は負に，上部の金属板は正に帯電しています。

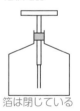

箔検電器

箔は閉じている

上部の金属板：+ 下部の箔：− ……答

そうか！

> 導体の静電誘導を利用しているんだね！

帯電体

++++ 金属板

箔検電器

箔

箔は開く

> 正の帯電体を近づけると，上部の金属板は負，下部の箔は正に帯電する。やはり，箔は開くことになるよ。

6 箔検電器②

問題

レベル ★★☆

帯電していない箔検電器がある。この箔検電器に負の帯電体を近づけたままの状態で，上部の金属板に指を触れる。上部の金属板と下部の箔には，それぞれどのような電荷が現れるか。正の電荷が現れる場合には＋を，負電荷の場合には－を，電荷が現れない場合には0として示せ。

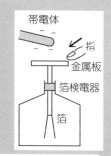

🍳 解くための材料

箔検電器に触れる：箔検電器に触れると，帯電体に引きつけられていない自由電子は指を通じて出入りすることができる。

🍳 解き方

前問と同じく，箔検電器上部の金属板に負の帯電体を近づけると，箔検電器中に存在している自由電子が反発する向きに静電気力を受け，箔検電器の箔の部分に集まります。箔どうしは負に帯電していることにより反発し，箔が開くことになります。

ここで，金属板に指を触れると，自由電子は指（人体）を通じて地面に移動します。このとき，箔部分は帯電していないので，箔は閉じます。また，上部の金属板は帯電体に引きつけられており，正に帯電したままです。

上部の金属板：＋　下部の箔：0 ……答

指で触ってみるのは，地面に接触させること（接地，アース）に対応しているよ。

7 箔検電器③

問題

前ページの問題6で，指で接触させた
あとに指を離してから，帯電体を遠ざけ
る。上部の金属板と下部の箔には，それ
ぞれどのような電荷が現れるか。正の電
荷が現れる場合には＋を，負電荷の場合
には－を，電荷が現れない場合には0と
して示せ。

指を離してから
帯電体を遠ざ
ける

🍳 解くための材料

帯電体を遠ざける：帯電体を遠ざけると，引きつけられていた電荷は箔検電器
内に均一に分布する。

解き方

前問の状況から，箔検電器に接触している指を離すと
右図のようになり，上部の金属板は正に帯電しています。

帯電体を遠ざけると，引きつけられていた正の電荷は
箔検電器内に均一に分布します。箔どうしは正に帯電し
ていることにより反発し，箔が開くことになります。こ
のとき，上部の金属板も箔も正に帯電しています。

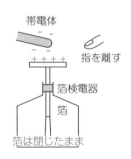

帯電体

＋＋＋＋

指を離す

箔検電器

箔

箔は閉じたまま

上部の金属板：＋　下部の箔：＋ ……答

指を離す前に帯電体を遠ざけて，その
あとに指を離すとどうなるんだろう？

指で接地された箔検電器は
帯電していないので，箔は
閉じたままだよ。

帯電体

＋　＋

箔検電器

箔

＋

＋

箔は開く

8 誘電分極

問題

レベル ★★★

次の空欄を埋めよ。

不導体（誘電体）に帯電体を近づけると，不導体を構成する原子，分子に束縛されている電子の分布に偏りが生じ，不導体の帯電体に近い側に帯電体と①（ 同じ ・ 異なる ）符号の，反対側に②（ 同じ ・ 異なる ）符号の電荷が生じる。これを不導体の誘電分極という。

🍴 解くための材料

不導体の誘電分極：電気を通さない物質を不導体（誘電体），あるいは絶縁体という。不導体に帯電体を近づけると，不導体を構成する原子や分子に束縛されている電子の分布に偏りが生じる。

解き方

ガラスやゴムなどのように電気を通さない物質を不導体（誘電体），あるいは絶縁体といいます。

不導体に帯電体を近づけると，不導体を構成する原子や分子に束縛されている電子の分布に偏りが生じ，結果的に不導体の帯電体に近い側に帯電体と異なる符号の，反対側に同じ符号の電荷が生じます。このような現象を，不導体の誘電分極といいます。

電荷の分布に偏りが生じる

①異なる ②同じ……答

❗ 導体の静電誘導と不導体の誘電分極の違い

不導体では，電子は原子や分子に束縛されたままなので，静電誘導と異なり，誘電分極により生じた電荷は外部に取り出すことができない。

9 電場①

レベル ★★★

ある場所に1.6×10^{-6} C の電荷を置いたところ，この電荷は左向きに6.4×10^{-4} N の大きさの力を受けた。この場所に生じている電場（電界）の大きさと向きを求めよ。

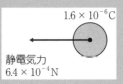

1.6×10^{-6}C

静電気力
6.4×10^{-4}N

🍽 解くための材料

空間が帯びている，電荷に力をおよぼすはたらきを電場（電界）という。

電場 $\begin{cases} 大きさ（強さ）：その場所で +1 C の電荷が受ける力の大きさ \\ 向き：その場所に正の電荷を置いたときに受ける力の向き \end{cases}$

電場の単位は N/C である。大きさが q〔C〕の電荷を置いたとき，受ける力の大きさが F〔N〕の場合，電場の大きさ E〔N/C〕は，

$$E = \frac{F}{q}$$

となる。電場の向きは正電荷が受ける力の向きと同じである。

🍳 **解き方**

$\begin{cases} 電荷が受ける力の大きさ：F = 6.4 \times 10^{-4} \text{ N} \\ 電荷：q = 1.6 \times 10^{-6} \text{ C} \end{cases}$

であることより，電場（電界）の大きさ E は，

$$E = \frac{F}{q} = \frac{6.4 \times 10^{-4}}{1.6 \times 10^{-6}} = 4.0 \times 10^2 \text{ N/C}$$

となります。この電荷は正電荷であり，受ける力の向きが左向きであることより，電場の向きも左向きとなります。

電場の大きさ：4.0×10^2 N/C，電場の向き：左向き……答

電場はベクトルだよ。電気量 q の物体が電場 $\vec{E}$ のところでは，$\vec{F} = q\vec{E}$ の力を受けるよ。

q が正の場合は受ける力の向きが電場の向きだけど，q が負の場合は受ける力の向きの逆が電場の向きなんだね。

そっか！

10 電場②

問題

レベル ★★★

2.0×10^{-11} C の電荷が空間に電場（電界）をつくる。電荷から 3.0 m 離れた点 P の位置に生じている電場の大きさを求めよ。ただし、クーロンの法則の比例定数を 9.0×10^9 N·m^2/C^2 とする。

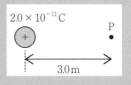

解くための材料

点電荷が空間につくる電場（電界）：大きさが Q〔C〕の電荷が空間に存在すると、その電荷は空間に電場（電界）をつくる。電荷から r〔m〕離れたところに生じる電場の大きさ E〔N/C〕は、クーロンの法則の比例定数を k_0〔N·m^2/C^2〕とすると、

$$E = k_0 \frac{Q}{r^2}$$

となる。

解き方

$$\begin{cases} 電荷：Q = 2.0 \times 10^{-11} \text{ C} \\ 電荷から点 P までの距離：r = 3.0 \text{ m} \end{cases}$$

であることより、点 P に生じている電場（電界）の大きさ E は、次式から求められます。

$$E = k_0 \frac{Q}{r^2} = 9.0 \times 10^9 \times \frac{2.0 \times 10^{-11}}{3.0^2} = 2.0 \times 10^{-2} \text{ N/C}$$

電場の大きさ：2.0×10^{-2} N/C……答

電場の向きはわかる？　点Pに正の電荷を置いたときに受ける力の向きが電場の向きだよ。

わかった！電場の向きは右向きだ！

えーっと、2.0×10^{-11}Cの電荷は正なので、正の電荷を点Pに置けば、正の電荷は反発する向きに力を受けるから、右向きかなぁ。

11 電場③

問題

2.0×10^{-4} C の電荷 A と 4.0×10^{-4} C の電荷 B が 2.0 m 離れている。AB の中点 P の位置に生じている電場（電界）の大きさと向きを求めよ。ただし，クーロンの法則の比例定数を 9.0×10^9 N·m²/C² とする。

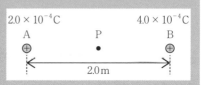

解くための材料

電場（電界）の重ね合わせ：空間に２つの電荷が存在する場合，ある位置の電場（電界）$\vec{E}$ はそれぞれの電荷がその場所につくる電場 $\vec{E_1}, \vec{E_2}$ のベクトル和で表される。
$$\vec{E} = \vec{E_1} + \vec{E_2}$$

解き方

$\begin{cases} 電荷 A：Q_A = 2.0 \times 10^{-4} \text{ C} \\ 電荷 A から点 P までの距離：r_1 = 1.0 \text{ m} \end{cases}$

より，電荷 A が点 P につくる電場（電界）は，

$$E_1 = k_0 \frac{Q_A}{r_1^2} = 9.0 \times 10^9 \times \frac{2.0 \times 10^{-4}}{1.0^2}$$

$$= 1.8 \times 10^6 \text{ N/C （右向き）}$$

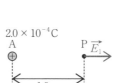

$\begin{cases} 電荷 B：Q_B = 4.0 \times 10^{-4} \text{ C} \\ 電荷 B から点 P までの距離：r_2 = 1.0 \text{ m} \end{cases}$

より，電荷 B が点 P につくる電場は，

$$E_2 = k_0 \frac{Q_B}{r_2^2} = 9.0 \times 10^9 \times \frac{4.0 \times 10^{-4}}{1.0^2}$$

$$= 3.6 \times 10^6 \text{ N/C （左向き）}$$

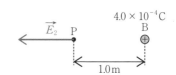

です。したがって，点 P に生じている電場は，右向きを正とすると，

$E = E_1 + E_2$

$\quad = 1.8 \times 10^6 + (-3.6 \times 10^6) = -1.8 \times 10^6 \text{ N/C}$

となります。符号の「－」は左向きであることを表しています。

電場の大きさ：1.8×10^6 N/C，電場の向き：左向き……答

電磁気

12 電気力線①

問題

レベル ★★★

電気力線のようすを図示せよ。

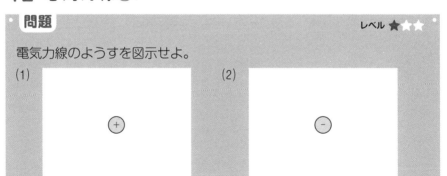

(1) （＋）　　(2) （－）

🍴 解くための材料

電場のようすを表現するために電気力線を用いる。

{ 電気力線の接線の向き：その場所での電場の向きを表す。
{ 電気力線の密度：その場所での電場の強さ（大きさ）を表す。

・電気力線は正の電荷から出現し，負の電荷で消失する。
・正電荷のみ存在し，負電荷がなければ，電気力線は無限遠まで広がる。
・負電荷のみ存在し，正電荷がなければ，電気力線は無限遠から出現する。

🍳 解き方

(1) 正の電荷のみ存在する場合，電気力線は正電荷から放射状に出ているようになります。

(2) 負の電荷のみ存在する場合，電気力線は無限遠から放射状に入り込むようになります。

電気力線は，クーロンの法則の比例定数をk_0とすると，Q(C)の電荷からは$4\pi k_0 Q$(本)出ているんだよ（ガウスの法則）。

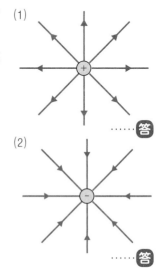

(1) ……答

(2) ……答

13 電気力線②

レベル ★★★

問題

電気力線のようすを図示せよ。ただし，電荷の電気量の大きさは等しい。

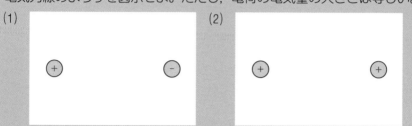

(1)

(2)

🍴 解くための材料

- 電気力線の接線の向きが電場の向きを表す。
- 電気力線は正の電荷から出現し，負の電荷で消失する。
- 電荷のない場所でいきなり電気力線が出現したり，消失したりすることはない。
- 電荷に出入りする電気力線の本数は，その電荷の電気量に比例して決まる。
- 電気力線は互いに交わらない。

🍳 解き方

(1) 電気力線は，正の電荷から出て，負の電荷に入り込みます。正電荷の左側は，正電荷の影響が大きいです。負電荷の右側は，負電荷の影響が大きいです。したがって，図のようになります。

(2) 2つの電荷を結んだ線分の中点の電場は0です。電気力線は互いに交わらないことより，図のようになります。

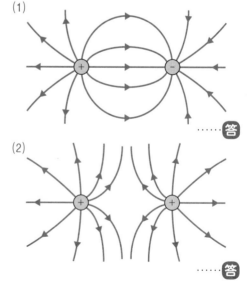

(1)

......答

(2)

......答

電気力線どうしは
交わらないよ。

14 電位①

問題

レベル ★★★

次の空欄を埋めよ。

図のように電気力線が存在する空間が
ある。正電荷を点Pに置いたところ,
正電荷は①（ 右 ・ 左 ）向きに
静電気力を受ける。電位が高いのは
②（ A ・ B ）である。

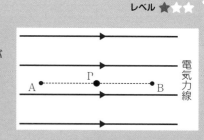

🍴 解くための材料

電気力線と電場・電位：電気力線は電場を表している。正電荷が受ける静電気力の向きは，電気力線の接線の向きである。電位は電気的な高低を表し，正電荷が受ける力は電位の高い方から低い方に向かってはたらく。

解き方

電気力線は電場を表す線であることより，電場の向きは右向きです。したがって，正電荷が受ける力の向きは右向きです。

電位は電気的な高低を表しており，正電荷が受ける静電気力は，電位の高い方から低い方に向かってはたらきます。したがって，電位はAの方が高いです。

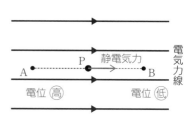

①右 ②A……答

重力が高いところから低いところに向かってはたらくのと同じように，**静電気力は電位の高い方から低い方に向かってはたらく**ね。

❗ 電位

電位とは，単位電気量あたりの位置エネルギーであり，電気量 q〔C〕の電荷のもつ，基準点に対する静電気力による位置エネルギーを U〔J〕とすると，電位 V〔V〕は，次式で表される。

$$V = \frac{U}{q}$$

15 電位②

問題

図のように，大きさと向きが一定の電場（大きさが 2.0×10^3 N/C）の中で，0.50 m 離れた2点A，Bがある。

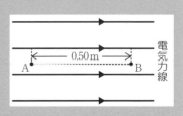

(1) 2.0×10^{-9} C の電荷をA点からB点まで動かした。静電気力のする仕事は何Jか。

(2) A点の電位が V_A [V]，B点の電位が V_B [V]のとき，電位差 $V_A - V_B$ は何Vか。

解くための材料

電位：電場に置かれた電荷は，静電気力による位置エネルギーをもつ。電位が V [V]の場所に，電気量 q [C]の電荷を置くと，静電気力による位置エネルギー U [J]は次式で表される。
$$U = qV$$

解き方

(1) 電荷が受ける力の大きさ F は，
$$F = qE = 2.0 \times 10^{-9} \times 2.0 \times 10^3$$
$$= 4.0 \times 10^{-6} \text{ N}$$

です。2点A，B間の距離は0.50 mであることより，静電気力のする仕事 W は，
$$W = Fx = 4.0 \times 10^{-6} \times 0.50 = 2.0 \times 10^{-6} \text{ J} \qquad \textbf{2.0} \times 10^{-6} \text{ J} \cdots\cdots 答$$

(2) 電位の高いところであるA点から，低いところのB点までに静電気力のする仕事が2.0×10^{-6} Jです。よって，それぞれの場所における位置エネルギーを U_A，U_B とすると，
$$U_A - U_B = qV_A - qV_B = q(V_A - V_B) = 2.0 \times 10^{-9} \times (V_A - V_B) = 2.0 \times 10^{-6} = W$$
したがって，
$$V_A - V_B = 1.0 \times 10^3 \text{ V}$$
$$\textbf{1.0} \times 10^3 \text{ V} \cdots\cdots 答$$

位置エネルギーは，静電気力のする仕事分だけ変化したよ！

16 電位③

問題

レベル ★★★

2.0×10⁻¹¹ C の電荷から 3.0 m 離れた点Pの電位を求めよ。ただし，クーロンの法則の比例定数を 9.0×10⁹ N·m²/C² とし，電位の基準を無限遠とする。

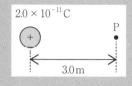

🍴 解くための材料

点電荷のまわりの電位：Q〔C〕の電荷から r〔m〕離れたところの電位 V〔V〕は，クーロンの法則の比例定数を k_0〔N·m²/C²〕とすると，

$$V = k_0 \frac{Q}{r}$$

となる。ただし，電位の基準は無限遠である。

解き方

$$\begin{cases} 電荷：Q = 2.0 \times 10^{-11} \text{ C} \\ 電荷から点Pまでの距離：r = 3.0 \text{ m} \end{cases}$$

であることより，電位の基準を無限遠とすると，点Pの電位 V は，

$$V = k_0 \frac{Q}{r} = 9.0 \times 10^9 \times \frac{2.0 \times 10^{-11}}{3.0} = 6.0 \times 10^{-2} \text{ V}$$

となります。

6.0×10^{-2} V ……答

> ⚠ 一様な電場の電位
>
> $V = Ed$
> $\begin{cases} V \text{〔V〕：電位差} \\ E \text{〔V/m〕：電場} \\ d \text{〔m〕：距離} \end{cases}$

電荷から遠く離れた無限遠の場所を電位0（基準）としているんだね。

電気量Qが正の場合は，電位Vは正の値ですが，電気量Qが負の場合は，電位Vは負の値となるよ。

電場と異なり，電位には向きがないね。電位はスカラーなんだね。

17 電位④

レベル ★★★

2.0×10^{-12} C の電荷 A と
-4.0×10^{-12} C の電荷 B が 2.0 m
離れている。AB の中点 P の電位を
求めよ。ただし，クーロンの法則の
比例定数を 9.0×10^9 N·m²/C² とし，電位の基準を無限遠とする。

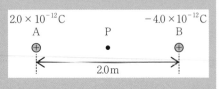

解くための材料

電位の重ね合わせ：空間に 2 つの電荷が存在する場合，ある位置の電位 V はそれぞれの電荷がその場所につくる電位 V_1，V_2 のスカラー和で表される。

$$V = V_1 + V_2$$

解き方

$\begin{cases} 電荷 A：Q_A = 2.0 \times 10^{-12} \text{ C} \\ 電荷 A から点 P までの距離：r_1 = 1.0 \text{ m} \end{cases}$

よって，電荷 A が点 P につくる電位は，

$V_1 = k_0 \dfrac{Q_A}{r_1} = 9.0 \times 10^9 \times \dfrac{2.0 \times 10^{-12}}{1.0}$

$\quad = 1.8 \times 10^{-2}$ V

$\begin{cases} 電荷 B：Q_B = -4.0 \times 10^{-12} \text{ C} \\ 電荷 B から点 P までの距離：r_2 = 1.0 \text{ m} \end{cases}$

よって，電荷 B が点 P につくる電位は，

$V_2 = k_0 \dfrac{Q_B}{r_2} = 9.0 \times 10^9 \times \dfrac{-4.0 \times 10^{-12}}{1.0} = -3.6 \times 10^{-2}$ V

したがって，2 つの電荷による点 P の電位は，次のように求められます。

$V = V_1 + V_2 = 1.8 \times 10^{-2} + (-3.6 \times 10^{-2}) = -1.8 \times 10^{-2}$ V

$$-1.8 \times 10^{-2} \text{ V} \cdots\cdots 答$$

電位は大きさのみをもつ量（スカラー）なので，単純に足せばよいね。

符号の+－は向きじゃないんですね。

そうか！

18 等電位面と仕事

問題

レベル ★★☆

図は，電気量の絶対値の等しい2つの電荷がつくる等電位線のようすを示す。等電位線は 2.0 V ごとに引かれている。外力を加えて，2.0×10^{-9} C の正電荷を図の矢印の経路に沿ってゆっくりと運んだ。

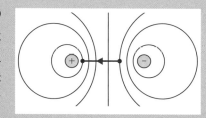

(1) 静電気力のする仕事は何 J か。

(2) 外力のする仕事は何 J か。

🍴 解くための材料

等電位線と仕事：電位の等しい点を連ねたものを等電位線（等電位面）という。
q 〔C〕の電荷を電位 V_A〔V〕から V_B〔V〕にゆっくりと移動させるとき，

　　静電気力（電場）のする仕事：$W = q(V_A - V_B)$
　　外力のする仕事：$W' = q(V_B - V_A)$

・正電荷が電位の高いところから低いところへ移動する場合→ $W > 0$，$W' < 0$
・正電荷が電位の低いところから高いところへ移動する場合→ $W < 0$，$W' > 0$

解き方

電気量の絶対値の等しい電荷なので，中心の線の電位は 0 V であり，右図のようになります。2.0×10^{-9} C の正の電荷を電位の低いところ（-2.0 V）から電位の高いところ（6.0 V）へ運ぶことを考えます。

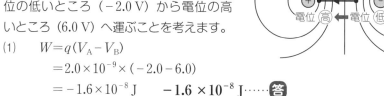

(1) 　　$W = q(V_A - V_B)$

　　　　$= 2.0 \times 10^{-9} \times (-2.0 - 6.0)$

　　　　$= -1.6 \times 10^{-8}$ J　　$\boldsymbol{-1.6 \times 10^{-8}}$ **J**……答

(2) 　　$W' = q(V_B - V_A)$

　　　　$= 2.0 \times 10^{-9} \times \{6.0 - (-2.0)\}$

　　　　$= 1.6 \times 10^{-8}$ J　　$\boldsymbol{1.6 \times 10^{-8}}$ **J**……答

19 電荷の運動

問題

一様な電場中で，2点 A，B 間の電位差が $1.5×10^2$ V である。点 A に電気量 $3.2×10^{-19}$ C の物体を静かに置く。

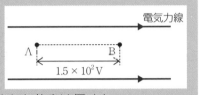

(1) 物体が静電気力によって，点 A から点 B まで動かされるとき，物体がされた仕事は何 J か。

(2) 物体が点 B に達したときにもっている運動エネルギーは何 J か。

解くための材料

電荷の運動：電場中に置かれた電荷は，静電気力によってされた仕事の分だけ運動エネルギーを得る。q〔C〕の電荷が電位 V_A〔V〕から V_B〔V〕に移動するとき，

静電気力（電場）のする仕事：$W = q(V_A - V_B)$

解き方

(1) 点 A に正電荷の物体を静かに置くと，電気力線の向きに静電気力を受けます。

$$\begin{cases} q=3.2×10^{-19} \text{ C} \\ V_A - V_B = 1.5×10^2 \text{ V} \end{cases}$$

したがって，静電気力のする仕事 W は，

$$W = q(V_A - V_B) = 3.2×10^{-19}×1.5×10^2 = 4.8×10^{-17} \text{ J}$$

$4.8×10^{-17}$ J……**答**

(2) 点 A に正電荷の物体を静かに置いたので，点 A における運動エネルギーは 0 J です。静電気力によって，点 A から点 B に進むまでにされた仕事の分だけ運動エネルギーを得ることになるので，(1)の結果より，物体は $4.8×10^{-17}$ J の運動エネルギーを得たことになります。

$4.8×10^{-17}$ J……**答**

静電気力による仕事で物体は加速されるんだ！

20 導体中の電場と電位

問題

レベル ★★☆

図のような電場中に導体を置くとする。このとき，図の破線に沿って，電場と電位のグラフを描け。

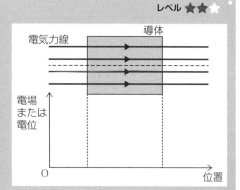

🍴 解くための材料

導体内部の電場と電位：電場中に導体を置くと，導体内の自由電子が電場を打ち消すように移動するので，導体内の電場は 0 となる。

導体内部の電場：0　　　導体内部の電位：どの場所でも一定（等電位）

解き方

　電気力線のようすから一様な電場であることがわかります。自由電子の移動によって導体内部に逆向きの電場ができ，外部の電場を打ち消すことにより，導体内部の電場は 0 になります。また，導体内部の電位はどの場所でも等電位です。したがって，図のようになります。

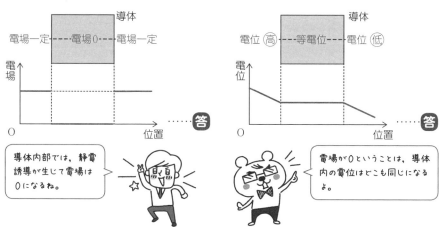

21 不導体中の電場と電位

　　　　　　　　　　　　　　　　　　　レベル ★★☆

図のような電場中に不導体（誘電体）を置くとする。このとき，図の破線に沿って，電場と電位のグラフを描け。

不導体（誘電体）

電気力線

電場または電位

位置

解くための材料

不導体内部の電場と電位：電場中に不導体（誘電体）を置くと，不導体の誘電分極で電場が弱まる。

解き方

電気力線のようすから一様な電場であることがわかります。不導体（誘電体）の誘電分極によって，不導体内部の電場は弱まります。ただし，不導体内部の電場は存在しているので，電位は下がります（電場は弱まっているので，電位の下がり方は異なります）。したがって，図のようになります。

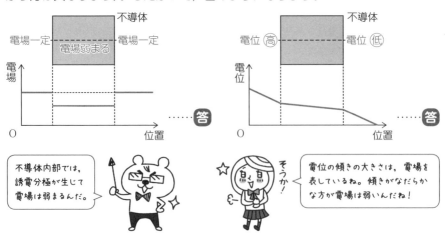

不導体
電場一定　電場弱まる　電場一定
電場
O　　　　　　位置　……答

不導体
電位 高　　　電位 低
電位
O　　　　　　位置　……答

不導体内部では，誘電分極が生じて電場は弱まるんだ。

そうか！

電位の傾きの大きさは，電場を表しているね。傾きがなだらかな方が電場は弱いんだね！

22 コンデンサー

問題

レベル ★★★

図のように，電気容量が 6.0 μF のコンデンサー
C に 3.0 V の電圧を加えた。このとき，コンデ
ンサーC に蓄えられる電気量を求めよ。

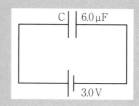

🍴 解くための材料

コンデンサー：電気を蓄えることができる装置。コンデンサーに蓄えられる電気量 Q [C] は，コンデンサー両端の電圧（電位差）V [V] に比例する。

$$Q = CV$$

比例係数 C をコンデンサーの電気容量といい，単位は F（ファラド）である。同じ電圧をかけたとき，電気容量の大きなコンデンサーほど，多くの電気量を蓄えることができる。

解き方

 手順 1
式に代入する量と単位を確認する

$$\begin{cases} \text{電気容量}：C = 6.0 \times 10^{-6} \text{F} \\ \text{電圧}：V = 3.0 \text{V} \end{cases}$$

μを直します

です。

 手順 2
式に代入して計算する

コンデンサーに蓄えられる電気量 Q は，

$$Q = CV = 6.0 \times 10^{-6} \times 3.0$$
$$= 1.8 \times 10^{-5} \text{C}$$

となります。 **1.8×10^{-5} C** ……答

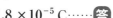 **よく使う接頭語**

- m（ミリ）：10^{-3}
- μ（マイクロ）：10^{-6}
- n（ナノ）：10^{-9}
- p（ピコ）：10^{-12}

Q = C レより，電気容量 C の単位は
C/レ（クーロン毎ボルト）となるけど，
これをあらためて，F（ファラド）とするよ。

チェック

接頭語が 10 の何乗であるかは与えられる場合もあるし，
自分で考えなければいけない場合もあるよ！

23 コンデンサーの極板間の電場

問題　　　　　　　　　　　　　　　　　　　　　　レベル ★★★

図のように，極板間の間隔が
$5.0×10^{-3}$ m のコンデンサーに，10 V
の電圧を加えた。このコンデンサーの極
板間には一様な電場が生じている。この
電場の大きさを求めよ。

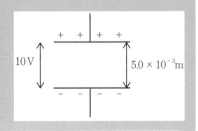

🍴 解くための材料

コンデンサー内の電場：コンデンサーの極板は正と負に帯電しており，一様な
電場が生じている。電場の向きは，正の極板から負の極板へ向かう向きである。
電場の大きさ E〔V/m〕は，コンデンサーの電位差を V〔V〕，極板の間隔を d〔m〕
とすると，次式で表される。

$$E = \frac{V}{d}$$ 　　（注）電場の大きさの単位は〔N/C〕または〔V/m〕を用いる。

コンデンサーの極板間には，一様な電場（下向き）が生じています。

手順 1
式に代入する
量と単位を確
認する

$\begin{cases} 極板間隔：d=5.0×10^{-3} \text{ m} \\ 電位差：V=10 \text{ V} \end{cases}$

です。

手順 2
式に代入して
計算する

$E = \dfrac{V}{d}$ より，

$E = \dfrac{V}{d} = \dfrac{10}{5.0×10^{-3}}$

$= 2.0×10^3$ V/m

となります。

$\boxed{2.0 \times 10^3 \text{ V/m} \cdots\cdots 答}$

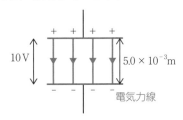

電気力線

! 電場の大きさの単位
〔N/C〕＝〔V/m〕

そうか！

正に帯電した極板から出る
電気力線は，すべて負に
帯電した極板に入るね！

同じ電圧でも，極板
間隔が短いと，電場
は大きくなるよ！

チェック

24 コンデンサーの電気容量①

問題

次の空欄を埋めよ。

極板の面積が S〔m²〕で，極板間が真空の
コンデンサーがある。極板 A に蓄えられた
電気量を $+Q$〔C〕，極板 B に蓄えられた電
気量を $-Q$〔C〕とすると，極板間には電気
力線が $4\pi k_0 Q$〔本〕存在している。

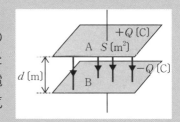

単位面積あたりに出る電気力線の本数が電場の大きさを表すので，この
極板間の電場の大きさは（　①　）〔V/m〕である。また，極板の間隔を
d〔m〕，極板間の電位差を V〔V〕とすると，極板間の電場の大きさは，
（　②　）〔V/m〕とも表される。① = ②より，

$$Q = (\quad ③ \quad) \times V$$

となる。（③）を C とおくと，$Q = CV$ となる。C はコンデンサーの電気
容量である。

🍴 解くための材料

コンデンサーの電気容量 C

$$C = \frac{1}{4\pi k_0} \cdot \frac{S}{d} = \varepsilon_0 \frac{S}{d} \quad \left(\varepsilon_0 = \frac{1}{4\pi k_0}\right)$$

$\begin{cases} \text{クーロンの法則の比例定数 } k_0 \text{〔N·m}^2\text{/C}^2\text{〕，極板間隔 } d \text{〔m〕} \\ \text{極板面積 } S \text{〔m}^2\text{〕，真空の誘電率 } \varepsilon_0 \text{〔F/m〕} \end{cases}$

🍳 解き方

コンデンサーの極板間には一様な電場（下向き）が生じています。単位面積あ
たりに出る電気力線の数が電場の大きさを表すので，電場の大きさは $\dfrac{4\pi k_0 Q}{S}$ です。
また，極板間の間隔が d より，電場の大きさは $\dfrac{V}{d}$ とも表されるので，$\dfrac{4\pi k_0 Q}{S} = \dfrac{V}{d}$

よって，$Q = \dfrac{1}{4\pi k_0} \cdot \dfrac{S}{d} V$ 　① $\dfrac{4\pi k_0 Q}{S}$ 　② $\dfrac{V}{d}$ 　③ $\dfrac{1}{4\pi k_0} \cdot \dfrac{S}{d}$ ……答

25 コンデンサーの電気容量②

問題

極板の面積が4.0×10^{-4} m²，極板間の間隔が4.4×10^{-4} m の平行板コンデンサーの電気容量を求めよ。ただし，極板間のすき間は真空で，真空の誘電率を8.9×10^{-12} F/m とする。

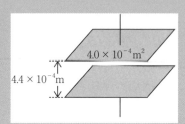

4.0×10^{-4} m²

4.4×10^{-4} m

🎯 解くための材料

コンデンサーの電気容量 C

$$C = \varepsilon_0 \frac{S}{d}$$
$\begin{cases} \text{極板間隔 } d \text{ (m)} \\ \text{極板面積 } S \text{ (m}^2\text{)} \\ \text{真空の誘電率 } \varepsilon_0 \text{ (F/m)} \end{cases}$

解き方

手順①
式に代入する量と単位を確認する

$\begin{cases} \text{極板の面積：} S = 4.0 \times 10^{-4} \text{ m}^2 \\ \text{極板間隔：} d = 4.4 \times 10^{-4} \text{ m} \\ \text{真空の誘電率：} \varepsilon_0 = 8.9 \times 10^{-12} \text{ F/m} \end{cases}$

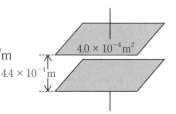

4.0×10^{-4} m²

4.4×10^{-4} m

手順②
式に代入して計算する

電気容量 C は，

$$C = \varepsilon_0 \frac{S}{d} = 8.9 \times 10^{-12} \times \frac{4.0 \times 10^{-4}}{4.4 \times 10^{-4}}$$
$$= 8.09\cdots \times 10^{-12} \text{ F}$$
$$8.1 \times 10^{-12} \text{ F} \cdots\cdots 答$$

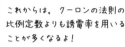

これからは，クーロンの法則の比例定数よりも誘電率を用いることが多くなるよ！

⚠ 真空の誘電率

$$\varepsilon_0 = \frac{1}{4\pi k_0} = \frac{1}{4 \times 3.14 \times 9.0 \times 10^9}$$
$$\fallingdotseq 8.9 \times 10^{-12} \text{ F/m}$$

26 コンデンサーの電気容量③

問題

電気容量が 6.0×10^{-6} F である平行板コンデンサーがある。このコンデンサーの極板間を比誘電率 2.0 の物質で満たした場合，平行板コンデンサーの電気容量は何 F か。

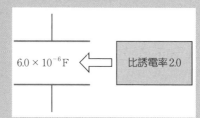

6.0×10^{-6} F ⇐ 比誘電率2.0

電磁気

🍴 解くための材料

比誘電率 ε_r：極板間が真空の場合の電気容量を C_0，誘電体の場合を C とすると，

$$\varepsilon_r = \frac{C}{C_0} = \frac{\varepsilon}{\varepsilon_0}, \quad C = \varepsilon_r C_0 = \varepsilon_r \varepsilon_0 \frac{S}{d}$$

極板間隔 d〔m〕，極板面積 S〔m²〕
誘電体の誘電率 ε〔F/m〕
真空の誘電率 ε_0〔F/m〕
比誘電率 ε_r

解き方

手順1

式に代入する量と単位を確認する

極板間が真空の場合の電気容量：$C_0 = 6.0 \times 10^{-6}$ F
比誘電率： $\varepsilon_r = 2.0$

比誘電率に単位はないよ！

手順2

式に代入して計算する

電気容量 C は，

$$C = \varepsilon_r C_0$$
$$= 2.0 \times 6.0 \times 10^{-6}$$
$$= 1.2 \times 10^{-5} \text{ F}$$

$$\boxed{1.2 \times 10^{-5} \text{ F}} \cdots\cdots 答$$

❗極板間に不導体を挿入する

不導体の誘電分極が生じることで，電気容量が増加する。

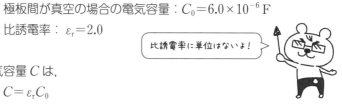

電池につないだまま不導体を挿入すると，電場を一定にしようとして蓄える電荷が増えるんだね！

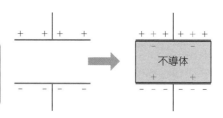

不導体

27 コンデンサーの接続（並列）

問題

レベル ★★★

図のように，電気容量が 2.0 μF，
6.0 μF のコンデンサーを並列に接
続した。

(1) これらのコンデンサーを 3.0 V
の電源に接続したときに，それぞ
れのコンデンサーに蓄えられる電気量は何 C か。

(2) 2 つのコンデンサーの合成容量を求めよ。

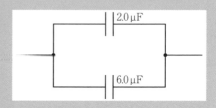

解くための材料

コンデンサーの並列接続：2 つのコンデンサーを並列に接続して V〔V〕の電源
に接続すると，それぞれのコンデンサーには電源の電圧が加わり，電荷が蓄え
られる。電気容量をそれぞれ C_1〔F〕，C_2〔F〕とすると，コンデンサーに蓄えら
れる電気量 Q_1〔C〕，Q_2〔C〕は，

$$Q_1 = C_1 V, \quad Q_2 = C_2 V$$

コンデンサーに蓄えられる電気量の和 Q〔C〕は，

$$Q = Q_1 + Q_2 = C_1 V + C_2 V = (C_1 + C_2) V$$

よって，2 つのコンデンサーをまとめて考えた合成容量 C〔F〕は，

$$C = C_1 + C_2$$

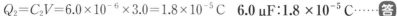

解き方

(1) 電気容量 $C_1 = 2.0 \times 10^{-6}$ F，$C_2 = 6.0 \times 10^{-6}$ F，電源の電圧 $V = 3.0$ V より，

$$Q_1 = C_1 V = 2.0 \times 10^{-6} \times 3.0 = 6.0 \times 10^{-6} \text{ C} \quad \textbf{2.0 μF：} 6.0 \times 10^{-6} \text{ C} \cdots\cdots 答$$

$$Q_2 = C_2 V = 6.0 \times 10^{-6} \times 3.0 = 1.8 \times 10^{-5} \text{ C} \quad \textbf{6.0 μF：} 1.8 \times 10^{-5} \text{ C} \cdots\cdots 答$$

(2) コンデンサーに蓄えられる電気量の和 Q は，

$$Q = Q_1 + Q_2$$
$$= 6.0 \times 10^{-6} + 1.8 \times 10^{-5} = 2.4 \times 10^{-5} \text{ C}$$

コンデンサーには 3.0 V の電圧が加えられているので，

$$C = \frac{Q}{V} = \frac{2.4 \times 10^{-5}}{3.0}$$
$$= 8.0 \times 10^{-6} \text{ F} = 8.0 \text{ μF} \qquad \textbf{8.0 μF} \cdots\cdots 答$$

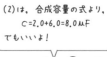

(2)は，合成容量の式より，
$C = 2.0 + 6.0 = 8.0$ μF
でもいいよ！

28 コンデンサーの接続（直列）

問題

レベル ★★★

図のように，電気容量が 2.0 µF，6.0 µF のコンデンサーを直列に接続した。電荷は蓄えられていない。

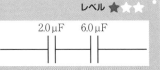

2.0 µF   6.0 µF

(1) これらのコンデンサーを 4.0 V の電源に接続したときに，それぞれのコンデンサーに蓄えられる電気量は何 C か。

(2) 2つのコンデンサーの合成容量を求めよ。

🍴 解くための材料

コンデンサーの直列接続：電荷が蓄えられていない2つのコンデンサーを直列に接続して V〔V〕の電源に接続すると，それぞれのコンデンサーには電荷が蓄えられ，その電気量は等しい。コンデンサーに蓄えられる電気量を Q〔C〕，電気容量をそれぞれ C_1〔F〕，C_2〔F〕とすると，コンデンサーに加わる電圧 V_1〔V〕，V_2〔V〕は，

$$V_1 = \frac{Q}{C_1}, \quad V_2 = \frac{Q}{C_2}$$

電源の電圧との関係は， $V = V_1 + V_2 = \dfrac{Q}{C_1} + \dfrac{Q}{C_2} = \left(\dfrac{1}{C_1} + \dfrac{1}{C_2}\right)Q$

よって，2つのコンデンサーの合成容量 C〔F〕は，次式で表される。

$$\frac{1}{C} = \frac{1}{C_1} + \frac{1}{C_2}$$

🍳 解き方

(1) 電気容量 $C_1 = 2.0 \times 10^{-6}$ F，$C_2 = 6.0 \times 10^{-6}$ F，電源の電圧 $V = 4.0$ V より，

$$\begin{aligned}
4.0 &= V_1 + V_2 \\
&= \frac{Q}{C_1} + \frac{Q}{C_2} = \frac{Q}{2.0 \times 10^{-6}} + \frac{Q}{6.0 \times 10^{-6}}
\end{aligned}$$

よって，$Q = 6.0 \times 10^{-6}$ C

2.0 µF：6.0×10^{-6} C   6.0 µF：6.0×10^{-6} C……答

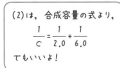

(2)は，合成容量の式より，

$$\frac{1}{C} = \frac{1}{2.0} + \frac{1}{6.0}$$

でもいいよ！

(2) $V = 4.0$ V，$Q = 6.0 \times 10^{-6}$ C より，

$$\begin{aligned}
C &= \frac{Q}{V} = \frac{6.0 \times 10^{-6}}{4.0} \\
&= 1.5 \times 10^{-6} \text{ F} = 1.5 \text{ µF}
\end{aligned}$$

1.5 µF……答

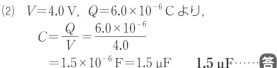

29 コンデンサーのエネルギー

図のように，電気容量が 2.0 pF のコンデンサーに 3.0 V の電圧を加えた。このとき，コンデンサーに蓄えられるエネルギーは何 J か。

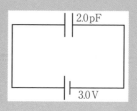

解くための材料

コンデンサーのエネルギー：充電されたコンデンサーを抵抗などに接続すると電流が流れる。このことより，充電されたコンデンサーはエネルギーを蓄えていると考えられる。コンデンサーに蓄えられるエネルギー U〔J〕は，次式で表される。

$$U = \frac{1}{2}QV = \frac{1}{2}CV^2 = \frac{Q^2}{2C}$$
$\left\{\begin{array}{l}\text{電気量}\,Q\,\text{〔C〕, コンデンサーの電気容量}\,C\,\text{〔F〕} \\ \text{コンデンサー両端の電圧}\ V\,\text{〔V〕}\end{array}\right.$

 解き方 ••••••••••••••••••••••

手順①
式に代入する量と単位を確認する

$\left\{\begin{array}{l}\text{電気容量：} C = 2.0 \times 10^{-12}\,\text{F} \\ \text{電圧：} V = 3.0\,\text{V}\end{array}\right.$　p を直します

接頭語は P165

手順②
式に代入して計算する

コンデンサーに蓄えられるエネルギー U は，

$$U = \frac{1}{2}QV = \frac{1}{2}CV^2$$
$$= \frac{1}{2} \times 2.0 \times 10^{-12} \times 3.0^2$$
$$= 9.0 \times 10^{-12}\,\text{J}$$

となります。

$$\boldsymbol{9.0 \times 10^{-12}\,\text{J}} \cdots\cdots 答$$

> **!** コンデンサーの式
> $$Q = CV,\ V = \frac{Q}{C}$$

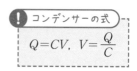

Q=CL を用いてコンデンサーのエネルギーの式は変形できる！　どの量が与えられているかを適切に判断して式を使おう！

30 回路中の電位（電圧降下）

問題

レベル ★★★

図のような回路がある。電位と位置の関係をグラフに描け。

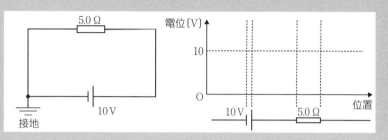

🍽 解くための材料

回路中の電位

- 電圧 V〔V〕の電池は，電位（電気的な高低差）を V〔V〕上げるはたらきがある。
- R〔Ω〕の抵抗に電流 I〔A〕が流れている場合，抵抗の両端の電圧（電位差）は，

$$V = RI$$

である。すなわち，抵抗は，電位を RI〔V〕下げる（電圧降下という）。

解き方

回路中で，接地されているところの電位は0 V です。

電池は電位を上げるはたらきがあり，抵抗は電位を下げるはたらきがあります。そして，回路は一周すると電位がもとの高さに戻ります。したがって，下図のようになります。

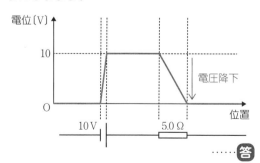

……答

抵抗での電圧降下は，流れる電流を I とすると，5.0×I になるんだね。10 V下がるから，

$$I = \frac{10}{5.0} = 2.0A になるのか。$$

そうか！

173

31 キルヒホッフの法則①

レベル ★★★

図のように，5本の導線が点Pで接続され
ている。導線1〜4を流れる電流を調べたと
ころ，図の向きにI_1＝0.20 A, I_2＝0.50 A,
I_3＝0.10 A, I_4＝0.20 Aとなっている。こ
のとき，導線5には図の向きに電流が流れ
た。導線5を流れる電流を求めよ。

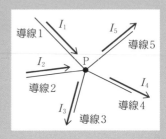

解くための材料

複数の抵抗や電池が複雑に接続されているような回路で，それぞれの抵抗を流れる電流の大きさを求めるには，キルヒホッフの法則を利用するとよい。
キルヒホッフの第1法則：回路中の任意の分岐点に流れ込む電流の総和と，流れ出る電流の総和は等しい。

解き方

回路中の分岐点Pにおいて，図の矢印の向きより，

　　流れ込む電流：I_1, I_2

　　流れ出る電流：I_3, I_4, I_5

キルヒホッフの第1法則より，点Pで

　　$I_1 + I_2 = I_3 + I_4 + I_5$

が成り立ちます。

　　I_1＝0.20 A, I_2＝0.50 A, I_3＝0.10 A, I_4＝0.20 A

を代入すると，

　　$0.20 + 0.50 = 0.10 + 0.20 + I_5$

したがって，

　　I_5＝0.40 A

となります。

　　　　　0.40 A ……**答**

電流の正体は電荷の流れ
だよ。電荷が突然消えた
りはしないから，総和は
等しいんだ。

32 キルヒホッフの法則②

問題

レベル ★★★

図のような，抵抗値が R_1〔Ω〕，R_2〔Ω〕，R_3〔Ω〕の3つの抵抗と，内部抵抗の無視できる起電力 E_1〔V〕，E_2〔V〕，E_3〔V〕の3つの電池からなる回路がある。各抵抗を流れる電流 I_1〔A〕，I_2〔A〕，I_3〔A〕はそれぞれ図の向きであると仮定する。キルヒホッフの第2法則をこの回路に適用したときに成り立つ式を書け。ただし，回路の向きは図のようにする。

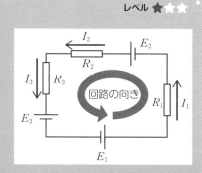

解くための材料

キルヒホッフの第2法則：回路中の任意の閉回路について，起電力（電池による電位を上昇させるはたらき）の合計は，抵抗による電圧降下の合計に等しい。

解き方

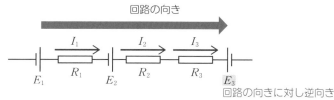

回路の向き

E_1 R_1 E_2 R_2 R_3 E_3
回路の向きに対し逆向き

回路の向きを反時計回りとしている。このとき，

起電力の合計：$E_1+E_2+(-E_3)$

電圧降下の合計：$R_1 I_1 +R_2 I_2 +R_3 I_3$

が成り立ちます。

したがって，キルヒホッフの第2法則は，

$$E_1+E_2+(-E_3)=R_1 I_1 +R_2 I_2 +R_3 I_3$$

となります。

$$E_1 +E_2 +(-E_3)$$
$$=R_1 I_1 +R_2 I_2 +R_3 I_3 \cdots\cdots 答$$

E_3 の前に「−」がつくのは，回路の向きに対して，電池の向きが逆だからなんだ！

もし電流の向きが回路の向きに対して逆だったら，電圧降下の前に「−」がつくんだね！

33 キルヒホッフの法則③

問題

図のような，抵抗値が 12 Ω，24 Ω，40 Ω の3つの抵抗と，起電力 5.0 V，2.8 V の2つの電池からなる回路がある。各抵抗を流れる電流 I_1，I_2，I_3 はそれぞれ図の向きであると仮定する。このとき，電流 I_1，I_2，I_3 をそれぞれ求めよ（もし求めた電流の向きが図の向きと逆の場合には "−" をつけよ）。

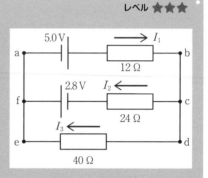

解くための材料

キルヒホッフの法則を適用：キルヒホッフの法則を用いて，I_1，I_2，I_3 について，3つの式を立て，連立方程式を解いて求める。

解き方

キルヒホッフの第1法則を点 c に適用すると，

$I_1 = I_2 + I_3$ …①

キルヒホッフの第2法則を閉回路 abcfa（時計回りを正）および閉回路 fedcf（反時計回りを正）に適用すると，

閉回路 abcfa：$5.0 + 2.8 = 12I_1 + 24I_2$ …②

閉回路 fedcf：$2.8 = 24I_2 - 40I_3$ …③

①，②，③より，$I_1 = 0.25$ A，$I_2 = 0.20$ A，$I_3 = 0.050$ A

$I_1 = 0.25$ A，$I_2 = 0.20$ A，$I_3 = 0.050$ A……**答**

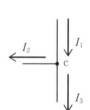

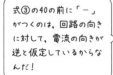

式③の40の前に「−」がつくのは，回路の向きに対して，電流の向きが逆と仮定しているからなんだ！

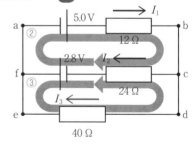

34 分流器

問題　レベル ★★☆

最大 50 mA まで測ることのできる内部抵抗 9.9 Ω の電流計がある。これを最大 500 mA まで測ることができる電流計にするにはどうしたらよいか。

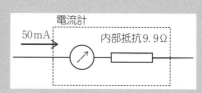

解くための材料

電流計の分流器：電流計に並列に抵抗（これを分流器という）を接続することで，電流計の測定範囲を広げることができる。分流器の抵抗値 R_A は，

$$R_A = \frac{r_A}{n-1}$$

$\begin{cases} 倍率\ n \\ 電流計の内部抵抗\ r_A[\Omega] \end{cases}$

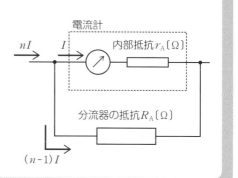

解き方

50 mA を500 mA に測定範囲を広げるので，10 倍です。

倍率：$n=10$

電流計の内部抵抗：$r_A=9.9$ Ω

分流器の抵抗値 R_A は，

$$R_A = \frac{r_A}{n-1} = \frac{9.9}{10-1} = 1.1\ Ω$$

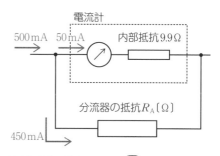

1.1 Ω の抵抗を電流計に並列に接続すればよい……答

電流を10倍にしているけど，電流計と分流器で1：9に分けているね！

35 倍率器

問題 レベル ★★☆

最大 3.0 V まで測ることのできる内部抵抗 5.0×10^2 Ω の電圧計がある。これを最大 15 V まで測ることができる電圧計にするにはどうしたらよいか。

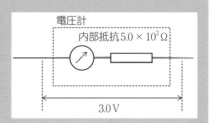

🍽 **解くための材料**

電圧計の倍率器：電圧計に直列に抵抗（これを倍率器という）を接続することで、電圧計の測定範囲を広げることができる。
倍率器の抵抗値 R_V は、

$$R_V = (n-1)r_V \quad \begin{cases} 倍率\ n \\ 電圧計の内部抵抗\ r_V\,(Ω) \end{cases}$$

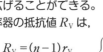

🍳 **解き方**・・・・・・・・・・・・

3.0 V を 15 V に測定範囲を広げるので、5.0 倍です。

倍率：$n = 5.0$

電圧計の内部抵抗：
$r_V = 5.0 \times 10^2$ Ω

倍率器の抵抗値 R_V は、

$$R_V = (n-1)r_V = (5.0-1) \times 5.0 \times 10^2 = 2.0 \times 10^3 \text{ Ω}$$

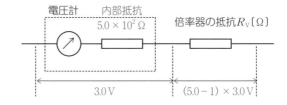

2.0×10^3 Ω の抵抗を電圧計に直列に接続する……答

電圧を5.0倍にしているけど、電圧計と倍率器で1：4に分けているね！

36 電池の起電力と内部抵抗

問題

レベル ★★☆

起電力が1.50 Vの乾電池に可変抵抗を接続し，回路に流れる電流と乾電池の両端の電圧を測定した。図の回路で，流れる電流が0.50 Aのとき，電圧は1.40 Vであった。乾電池の内部抵抗の値は，何Ωか。

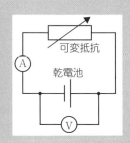

◉ 解くための材料

電池の起電力と内部抵抗：回路に電流が流れているときには，電池の内部抵抗のため，電池の電極間の電圧（端子電圧）は起電力（電流が流れていないときの電池の電極間に生じている電位差）より小さい値となる。

電池の起電力を E〔V〕，内部抵抗を r〔Ω〕，回路に流れる電流を I〔A〕とすると，端子電圧 V〔V〕は次式で与えられる。

$$V = E - rI$$

解き方

電池の端子電圧の式に代入します。
電池の内部抵抗を r〔Ω〕として，

　電池の起電力 $E = 1.50$ V
　流れる電流 $I = 0.50$ A
　端子電圧 $V = 1.40$ V

$V = E - rI$ より，

　$1.40 = 1.50 - r \times 0.50$

　$r = \dfrac{0.10}{0.50} = 0.20$ Ω　　**0.20 Ω** ……答

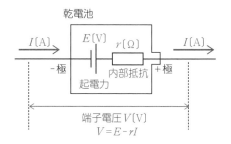

流れる電流が大きくなると，端子電圧は低くなるのね！

電池内の内部抵抗による電圧降下のため，端子電圧は起電力よりも小さくなるんだ！

37 抵抗の測定（ホイートストンブリッジ）

問題

図の回路で，R は抵抗値を変えることの
できる抵抗である。R の値を調整して，
R が 22.0 Ω のときに検流計 G の針は
0 を示した。未知抵抗 R_x の値は何Ωか。

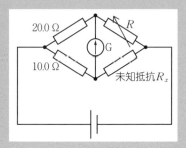

解くための材料

ホイートストンブリッジ：抵抗値が未知の抵抗を精密に測る際には，電流計や
電圧計の内部抵抗が問題となる。ホイートストンブリッジは，可変抵抗の抵抗
値を調整することで，検流計に電流が流れない，すなわち検流計の両端の電位
が等しくなっている状況をつくることで，抵抗値を測定する。つまり，計器の
影響がなく，抵抗値を精密に測ることができる。

解き方

検流計 G の両端の電位が等しくなっていることに注目します。20.0 Ω の抵抗
に流れている電流を I_1，10.0 Ω の抵抗に流れている電流を I_2 とすると，

20.0 Ω における電圧降下は $20.0 \times I_1$〔V〕
10.0 Ω における電圧降下は $10.0 \times I_2$〔V〕
$\qquad 20.0 \times I_1 = 10.0 \times I_2 \quad \cdots ①$

検流計に流れる電流が 0 であることより，22.0 Ω の抵抗に流れている電流は
I_1，未知抵抗 R_x に流れている電流は I_2 となります。

22.0 Ω における電圧降下は $22.0 \times I_1$〔V〕
未知抵抗 R_x における電圧降下は $R_x \times I_2$〔V〕
$\qquad 22.0 \times I_1 = R_x \times I_2 \quad \cdots ②$

①÷②より，

$$\frac{20.0 \times I_1}{22.0 \times I_1} = \frac{10.0 \times I_2}{R_x \times I_2} \qquad よって，R_x = 11.0 \ Ω$$

$$\boldsymbol{R_x = 11.0 \ Ω} \cdots\cdots 答$$

検流計はわずかな電流も
検出することのできる電流
計なんだ！

38 非直線抵抗

問題

レベル ★★☆

図は，ある豆電球の電流ー電圧特性曲線である。この豆電球と，40 Ωの抵抗を直列につなぎ，8.0 Vの電源に接続した。このとき，豆電球に加わる電圧と豆電球に流れる電流を求めよ。

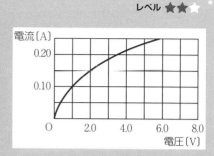

🍴 解くための材料

非直線抵抗：豆電球など，抵抗値が電圧・電流によって変化する抵抗を非直線抵抗（非オーム抵抗）という。非直線抵抗の電流と電圧の関係を示すグラフを特性曲線という。非直線抵抗に加わる電圧 V と流れる電流 I の関係式を求め，その関係式をグラフに書き込み，特性曲線との交点を求める。

解き方

非直線抵抗である豆電球に加わる電圧を V [V]，流れる電流を I [A]とします。40 Ωの抵抗に，

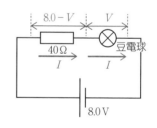

$$\begin{cases} 加わる電圧： (8.0-V) \ [\text{V}] \\ 流れる電流： I \ [\text{A}] \end{cases}$$

となります。したがって，オームの法則より，

$$8.0-V=40\times I$$

この関係を特性曲線のグラフに描くと図の赤の直線になり，特性曲線との交点が，豆電球に加わる電圧と豆電球に流れる電流です。

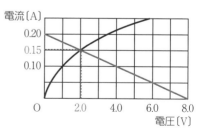

> $8.0-V=40×I$ の式は，
> $V=0$Vのとき，$I=0.20$A
> $I=0$Aのとき，$V=8.0$V
> これより直線が引けるね！

チェック

加わる電圧2.0 V，流れる電流0.15 A……答

39 コンデンサーを含む回路

レベル ★★☆

図のように，電荷の蓄えられていないコンデンサーと 6.0 Ω の抵抗，スイッチ，3.0 V の電池を接続する。次の場合，6.0 Ω の抵抗に流れる電流は何 A か。

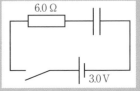

(1) スイッチを閉じた直後。

(2) スイッチを閉じて十分に時間が経過したとき。

🍴 解くための材料

コンデンサーを含む回路：スイッチを閉じると，コンデンサーを充電するために電荷が移動していく。このとき，回路に流れる電流は時間とともに変化する。スイッチを閉じた直後はコンデンサーの両端の電位差は 0 なので，抵抗では電源の電位差の分だけ電圧降下が生じる。すなわち，

$$I = \frac{V}{R}$$

十分に時間が経過したときは，コンデンサーが電源の電位差の分だけ充電されており，回路に電流は流れない。

🍳 解き方 ・・・・・・・・・・・・・・・・・・・・・・・・・・・・・・・・・

抵抗値：$R = 6.0$ Ω

電池の電位差：$V = 3.0$ V

直後と十分に時間が経過したときの電流の大きさがなぜそうなるのか理解しておこう！

(1) スイッチを閉じた直後，コンデンサーに蓄えられている電荷はありません。したがって，コンデンサーの両端の電位差は 0 で，抵抗に電源の電位差が加わっています。

$$I = \frac{V}{R} = \frac{3.0}{6.0} = 0.50 \text{ A} \qquad \textbf{0.50 A} \cdots\cdots 答$$

(2) スイッチを閉じて十分に時間が経過したとき，コンデンサーは電源の電位差の分だけ充電されており，回路に電流は流れません。

(2) では抵抗による電圧降下は生じないね！

$$\textbf{0 A} \cdots\cdots 答$$

40 半導体

問題

レベル ★★★

次の表の空欄を埋めよ。

半導体の種類	説　明	キャリア
n 型半導体	ケイ素 Si やゲルマニウム Ge の結晶の中に微量のリン P やヒ素 As などの不純物を混ぜたもの。	（　①　）
p 型半導体	ケイ素 Si やゲルマニウム Ge の結晶の中に微量のホウ素 B やアルミニウム Al の不純物を混ぜたもの。	（　②　）

🍴 解くための材料

半導体：電流の担い手のことをキャリアという。n 型半導体のキャリアは電子，p 型半導体のキャリアはホール（正孔）。

解き方

• n 型半導体

　Si に電子の数が多いリン P などの不純物をわずかに加えると，原子の結合にかかわらない電子が存在するようになります。この余った電子は結晶内を自由に動き回ることができ，キャリアになります。

• p 型半導体

　Si に電子の数が少ないアルミニウム Al などの不純物をわずかに加えると，原子の結合に電子の空いた部分［ホール（正孔）］が生じます。ホールの運動は電子の運動とは逆向きになり，ホールがキャリアとなって電流が流れます。

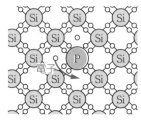

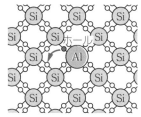

❗ 半導体の使用例

・半導体ダイオード　・トランジスタ
・LED（発光ダイオード）

①電子　②ホール（正孔）……答

41 磁　場

問題

レベル ★★★

磁極の強さが 2.0×10^2 Wb の N 極を磁場が存在している空間に置いたところ，磁極は右向きに大きさ 6.0×10^{-2} N の力を受けた。このとき，磁場の大きさと向きを求めよ。

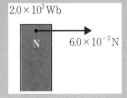

2.0×10^2 Wb

N

6.0×10^{-2} N

🍴 解くための材料

磁場：磁極は他の磁極などによって生じた磁場（磁界）から力を受ける。磁場はベクトルである。

磁場 { 大きさ（強さ）：その場所で 1 Wb の磁極が受ける力の大きさ。
向き：その場所に N 極を置いたときに受ける力の向き。

磁場の単位は N/Wb である。m [Wb] の強さの磁極を置くと，受ける力の大きさが F [N] の場合，磁場の大きさ H [N/Wb] は，

$$H = \frac{F}{m}$$

となる。磁場の向きは N 極が受ける力の向きと同じである。

解き方 ･････････････････････････

{ 磁極が受ける力の大きさ：$F = 6.0 \times 10^{-2}$ N
磁極の強さ：$m = 2.0 \times 10^2$ Wb

であることより，磁場の大きさ H は，

$$H = \frac{F}{m} = \frac{6.0 \times 10^{-2}}{2.0 \times 10^2} = 3.0 \times 10^{-4} \text{ N/Wb}$$

となる。この磁極は N 極であり，受ける力の向きが右向きであることより，磁場の向きも右向きとなる。

磁場の大きさ：3.0×10^{-4} N/Wb，磁場の向き：右向き……**答**

磁場はベクトルだよ。N極を+，S極を−で表すこともあり，このときの磁場 $\vec{H}$ は，
$$\vec{H} = \frac{\vec{F}}{m}$$
となるよ。

磁場 $\vec{H}$ 中で磁極 m が磁場から受ける力 $\vec{F}$ は，
$\vec{F} = m\vec{H}$
だね！

そうか！

42 磁力線

問題

レベル ★★★

磁力線のようすを図示せよ。

(1) N極とS極

(磁極の強さは同じ)

(2) S極とS極

(磁極の強さは同じ)

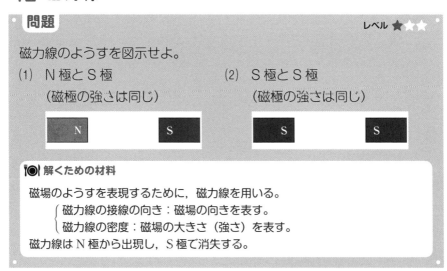

🍴 解くための材料

磁場のようすを表現するために，磁力線を用いる。

- 磁力線の接線の向き：磁場の向きを表す。
- 磁力線の密度：磁場の大きさ（強さ）を表す。

磁力線はN極から出現し，S極で消失する。

解き方

(1) 磁極の強さが同じであるN極と
S極であることより，図のようにな
ります。

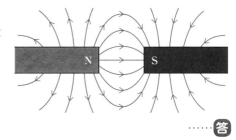

……答

(2) 磁極の強さが同じであるS極とS
極であることより，図のようになり
ます。

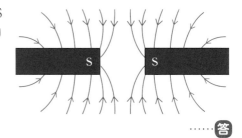

……答

チェック

磁力線どうしは反発し，
交わらない！

43 電流がつくる磁場① （直線電流）

問題

非常に長い直線状の導線に 0.20 A の大きさの電流が上向きに流れている。導線より右に 0.50 m 離れた位置 P に生じる磁場について考える。π =3.14 とする。

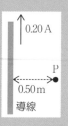

(1) 点 P における磁場の向きは，紙面の手前から奥に向かう向きか，紙面の奥から手前に向かう向きか。

(2) 点 P における磁場の大きさを求めよ。

解くための材料

直線電流のつくる磁場

磁場の向き：右ねじの法則（電流の向きを右ねじの進む向きに合わせるとき，ねじを回す向きが磁場の向きになる。）

磁場の大きさ　$H = \dfrac{I}{2\pi r}$　$\begin{cases} \text{磁場 } H\text{〔A/m〕，距離 } r\text{〔m〕} \\ \text{電流 } I\text{〔A〕} \end{cases}$

(1) 直線電流のつくる磁場の向きは，右ねじの法則より，手前から奥に向かう向きです。

手前から奥に向かう向き……答

(2) 直線電流のつくる磁場の式に代入します。

$$H = \frac{I}{2\pi r} = \frac{0.20}{2 \times 3.14 \times 0.50}$$

$$= 6.\overset{4}{3}6\cdots \times 10^{-2} \text{ A/m}$$

6.4×10^{-2} A/m……答

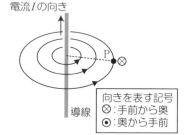

電流 I の向き

P ⊗

向きを表す記号
⊗：手前から奥
⊙：奥から手前

導線

これまで磁場の大きさの単位は〔N/Wb〕だったけど，直線電流のつくる磁場の式より〔A/m〕となる。どちらでも構わないよ。

! 磁場の大きさの単位

〔N/Wb〕＝〔A/m〕

電磁気

44 電流がつくる磁場②（円形電流）

問題

レベル ★★★

半径 0.40 m の円形状の導線に 0.60 A の電流を図の向きに流した。

(1) 中心 O に生じる磁場の向きは（ア）か（イ）のどちらか。

(2) 中心 O の磁場の大きさを求めよ。

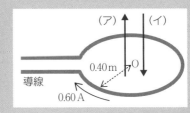

🍽 解くための材料

円形電流が円の中心につくる磁場

磁場の向き：右ねじの法則（電流の向きを右ねじの回す向きに合わせるとき，ねじの進む向きが磁場の向きになる。）

磁場の大きさ $H = \dfrac{I}{2r}$ 　$\begin{cases} \text{磁場 } H\,[\text{A/m}]，\text{円の半径 } r\,[\text{m}] \\ \text{電流 } I\,[\text{A}] \end{cases}$

 解き方

(1) 円形電流のつくる磁場の向きは，右ねじの法則より，下向きです。

（イ）……**答**

 円形電流の場合，電流を細かい部分に分け，その部分での磁場が右ねじの法則に従うとすると，図の赤矢印のようになる。中心側はすべて下向きになっているよ。

(2) 円形電流が円の中心につくる磁場の式に代入します。

$$H = \frac{I}{2r} = \frac{0.60}{2 \times 0.40} = 0.75 \text{ A/m}$$

0.75 A/m……**答**

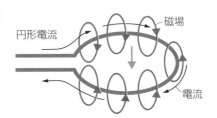

電磁気

187

45 電流がつくる磁場③（ソレノイド）

問題

長さ 0.20 m, 巻き数 800 回のソレノイドがある。0.50 A の電流を流した場合, ソレノイドの内部に生じる磁場の大きさを求めよ。

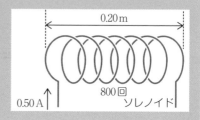

0.20 m
800 回
0.50 A
ソレノイド

解くための材料

ソレノイドの内部にできる磁場：導線をコイル状に巻いたものをソレノイドという。ソレノイドは円形電流が重なったものと考えてよい。十分に長いソレノイドであれば, 内部の磁場は場所によらず一定である。

磁場の向き：右ねじの法則（電流の向きを右ねじの回す向きに合わせるとき, ねじの進む向きが磁場の向きになる。）

磁場の大きさ　　$H = nI$　　$\begin{cases} \text{磁場 } H \text{〔A/m〕} \\ \text{単位長さあたりの巻数 } n \text{〔回/m〕} \\ \text{電流 } I \text{〔A〕} \end{cases}$

解き方

手順1
物理量を確認する

$\begin{cases} \text{電流：} I = 0.50 \text{ A} \\ \text{ソレノイドの長さ：} 0.20 \text{ m} \\ \text{ソレノイドの巻数：} 800 \text{ 回} \end{cases}$

単位長さあたりの巻数は,

$n = \dfrac{800}{0.20} = 4.0 \times 10^3$ 回 /m

磁力線
電流

手順2
式に代入して計算する

これらをソレノイドが内部につくる磁場の式に代入します。

$H = nI = 4.0 \times 10^3 \times 0.50 = 2.0 \times 10^3$ A/m

2.0×10^3 A/m ……答

> ソレノイドの内部には一様な磁場ができているよ。

46 電流が磁場から受ける力

問題

レベル ★★★

U字型磁石でつくられる, 大きさ 10 A/m の磁場が存在している空間に, 長さ 0.20 m の導体棒をつるし, 5.0 A の電流を流した。ただし, 空気の透磁率を 1.3×10^{-6} N/A^2 とする。

(1) 導体棒が磁場から受ける力の向きは (ア)・(イ) のどちらか。

(2) 導体棒が磁場から受ける力の大きさは何 N か。

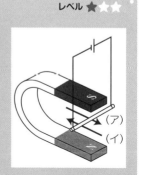

🍴 解くための材料

電流が磁場から受ける力

向き：フレミングの左手の法則にしたがう向き。

　　→電流の向きを中指の向きにする。磁場の向きを人差し指の向きにする。このとき, 親指の向きが, 電流が磁場から受ける力の向きとなる。

大きさ　$F = \mu IHL$　$\begin{cases} \text{透磁率 } \mu \text{ (N/A}^2), \text{ 電流 } I \text{ (A)} \\ \text{磁場 } H \text{ (A/m), 導線の長さ } L \text{ (m)} \end{cases}$

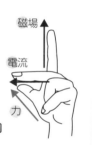

解き方

(1) フレミングの左手の法則より, 導体棒が磁場から受ける力の向きは, (イ) です。

(イ) ……答

(2) 電流が磁場から受ける力の式に代入します。

$F = \mu IHL$

$\quad = 1.3 \times 10^{-6} \times 5.0 \times 10 \times 0.20$

$\quad = 1.3 \times 10^{-5}$ N

$\mathbf{1.3 \times 10^{-5}}$ **N** ……答

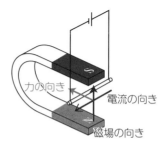

47 磁束密度と磁場

問題

真空中のある場所の磁場が5.0 A/m であった。この場所における磁束密度の大きさを求めよ。ただし、真空の透磁率を $1.3×10^{-6}$ N/A² とする。

🍽 解くための材料

磁束密度と磁場：空間の磁場のようすを表すものとして、磁束密度という量もある。単位は T（テスラ）である。

$$B = \mu H \begin{cases} 磁束密度\ B\ [\text{T}] \\ 透磁率\ \mu\ [\text{N/A}^2] \\ 磁場\ H\ [\text{A/m}] \end{cases}$$

解き方

$$\begin{cases} 磁場：H = 5.0\ \text{A/m} \\ 透磁率：\mu = 1.3×10^{-6}\ \text{N/A}^2 \end{cases}$$

を式に代入します。

$$B = \mu H = 1.3×10^{-6}×5.0 = 6.5×10^{-6}\ \text{T}$$

$$6.5×10^{-6}\ \text{T} \cdots\cdots 答$$

磁束密度という名前だけど、磁場を表す量なんだ！

! 電流が磁場から受ける力

- $F = \mu IHL$
- $B = \mu H$

$\Longrightarrow$ $F = IBL$

! 磁束密度もベクトル

磁場と同様、磁束密度もベクトルである。磁場 $\vec{H}$ と磁束密度 $\vec{B}$ の関係は、$\vec{B} = \mu\vec{H}$

! 磁場と電流の向きが直交していない場合

電流が磁場から受ける力 F は、

$$F = \mu IHL\sin\theta = IBL\sin\theta$$

となる。ここで θ は、磁場（磁束密度）の向きと電流の向きのなす角である。

知識を整理しなきゃ…。

48 平行電流が及ぼし合う力

問題

レベル ★★☆

非常に長い2本の導線a，bを平行にして0.10m離した。同じ向きに2.0Aと1.0Aの電流を流した。ただし，透磁率を1.3×10^{-6} N/A²，円周率を$\pi = 3.14$とする。

(1) 導線bが受ける力の向きは（ア）か（イ）か。

(2) 導線bの1.0mの部分が受ける力を求めよ。

解くための材料

平行電流が及ぼし合う力

力の向き：平行電流が同じ向きの場合は引力，逆向きの場合は反発力となる。

力の大きさ $F = \dfrac{\mu I_1 I_2}{2 \pi r} L$

$\begin{cases} \text{受ける力 } F \text{（N），平行電流間の距離 } r \text{（m），透磁率 } \mu \text{（N/A²）} \\ \text{導線aの電流 } I_1 \text{（A），導線bの電流 } I_2 \text{（A），力を受ける部分の長さ } L \text{（m）} \end{cases}$

解き方

(1) 2つの電流の流れる向きは同じであることより，互いに引力を受けます。したがって，導線bが受ける力の向きは（ア）です。

（ア） ……答

(2) 平行電流が及ぼし合う力の式に代入します。

$\begin{cases} r = 0.10 \text{ m}, \quad \mu = 1.3 \times 10^{-6} \text{ N/A}^2 \\ I_1 = 2.0 \text{ A}, \ I_2 = 1.0 \text{ A}, \ L = 1.0 \text{ m} \end{cases}$

より，

$$F = \frac{\mu I_1 I_2}{2 \pi r} L = \frac{1.3 \times 10^{-6} \times 2.0 \times 1.0}{2 \times 3.14 \times 0.10} \times 1.0$$

$$= 4.14 \times 10^{-6} \cdots = 4.1 \times 10^{-6} \text{ N}$$

4.1×10^{-6} N ……答

電流I_1が空間に磁場をつくって，その磁場から電流I_2が力を受けると考えることができるね！

そうか！

49 ローレンツ力①

レベル ★★☆

次の空欄を埋めよ。

磁束密度 B〔T〕の一様な磁場中にある金属棒が磁場と垂直な向きに存在している。この金属棒の長さは L〔m〕，断面積は S〔m^2〕で，単位体積（1 m^3）あたりに n 個の自由電子

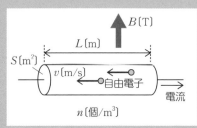

（電荷 $-e$〔C〕）が入っている。自由電子は，金属棒中を速さ v〔m/s〕で進んでいるものとすると，金属棒に流れている電流の大きさは $envS$〔A〕である。

これより，この金属棒が受ける力の大きさは（　①　）〔N〕である。この金属棒中の自由電子の個数は（　②　）個であり，自由電子が受ける力の総和が，金属棒が受ける力である。よって，1 個の自由電子が受ける力の大きさは（　③　）〔N〕である。

🍽 解くための材料

ローレンツ力：電流が磁場から受ける力は，電流の正体である荷電粒子が受ける力（ローレンツ力）の総和である。

🍳 解き方 •

電流が磁場から受ける力 F は，

$$F = IBL = envSBL$$

金属棒中に存在する自由電子の数 N は，

$$N = nSL$$

したがって，1 個の自由電子が受ける力 f は，

$$f = \frac{F}{N} = \frac{envSBL}{nSL} = evB$$

① $envSBL$　② nSL　③ evB……答

体積に密度（個数密度）をかけると，金属棒中の電子の数が求められるね！

50 ローレンツ力②

問題

レベル ★★☆

図のように，磁束密度 4.0×10^{-3} T の一様な磁場中に，磁場に対して垂直に 5.0×10^{5} m/s の速さで電気量 3.2×10^{-6} C の粒子が入射した。

4.0×10^{-3} T

$\otimes$

5.0×10^{5} m/s

（ア）　　（イ）

粒子

3.2×10^{-6} C

(1) 粒子が受ける力の向きは(ア)か(イ)か。

(2) 粒子が受ける力の大きさを求めよ。

🍽 解くための材料

ローレンツ力

力の向き：フレミングの左手の法則の中指の向きを，正電荷の運動する向きにすればよい。

力の大きさ　　$f = qvB$　　$\begin{cases} 電気量\ q\ (C) \\ 速さ\ v\ (m/s) \\ 磁束密度\ B\ (T) \end{cases}$

解き方

(1) 粒子は正電荷です。よって，フレミングの左手の法則において，運動の向きを中指の向き，磁場の向きを人差し指の向きに合わせれば力の向きを求められます。親指の向きは（ア）を向きます。したがって，粒子が受ける力の向きは（ア）です。　　**（ア）** ……答

(2) ローレンツ力の式に代入します。

$\begin{cases} 磁束密度：B = 4.0 \times 10^{-3}\ T, \qquad 速さ：v = 5.0 \times 10^{5}\ m/s \\ 電気量：q = 3.2 \times 10^{-6}\ C \end{cases}$

より，$f = qvB = 3.2 \times 10^{-6} \times 5.0 \times 10^{5} \times 4.0 \times 10^{-3}$

$\qquad\qquad = 6.4 \times 10^{-3}\ N$　　　**6.4×10^{-3} N** ……答

❗ 向きについて

- $\odot$：紙面に垂直に裏から表の向き。
- $\otimes$：紙面に垂直に表から裏の向き。

負電荷の場合は，運動する向きと逆向きに中指の向きを合わせて求めるよ！
チェック

51 磁場中の荷電粒子の運動

問題

磁束密度 B [T]の一様な磁場が，紙面に対して垂直にはたらいている。この中を質量 m [kg]，q [C]の正電荷をもった荷電粒子が，速さ v [m/s]でローレンツ力を受けて円運動している。円運動の半径を求めよ。

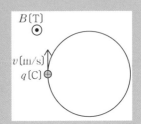

🎯 解くための材料

磁場中の荷電粒子の運動：ローレンツ力を受けて等速円運動している円運動の運動方程式は，

$$m\frac{v^2}{r} = qvB$$

$\begin{cases} \text{質量 } m \text{ [kg]，半径 } r \text{ [m]，速さ } v \text{ [m/s]} \\ \text{電気量 } q \text{ [C]，磁束密度 } B \text{ [T]} \end{cases}$

 解き方 •

粒子は正電荷です。したがって，フレミングの左手の法則において，運動の向きを中指の向き，磁場の向きを人差し指の向きに合わせると，ローレンツ力の向きは図のようになります。

手順❶
物理量を確認

ローレンツ力：qvB [N]
質量：m [kg]

手順❷
式に代入して
計算する

半径を r [m]とし，円運動の運動方程式を立てると，

$$m\frac{v^2}{r} = qvB$$

等速円運動の方程式は P55

よって，

$$r = \frac{mv}{qB}$$

$$\frac{mv}{qB} \cdots\cdots \text{答}$$

等速円運動の加速度は $\frac{v^2}{r}$ となったね。

52 磁場に対して荷電粒子が斜めに入射する場合

問題

レベル ★★☆

次の空欄を埋めよ。

磁束密度 $\vec{B}$ の磁場に対して角度 θ の向きに，速度 $\vec{v}$ で入射した電気量 $q\,(>0)$ の粒子がある。磁場に対して垂直な平面内に投影した粒子の運動は，ローレンツ力を向心力とした（　①　）運動となる。また同時に，磁場の向きに $v\cos\theta$ の等速度運動をする。これらの運動の合成が粒子の運動となり，粒子は（　②　）軌道を描くことがわかる。

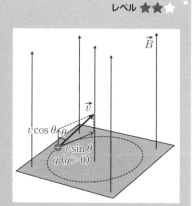

🍴 解くための材料

磁場に対して斜めに入射した荷電粒子の運動
- 磁場に対して垂直な方向は，ローレンツ力 $q(v\sin\theta)B$ を向心力とした等速円運動。
- 磁場の向きには，$v\cos\theta$ の等速度運動。
    →荷電粒子はらせん軌道を描く。

解き方

　粒子の速度ベクトル $\vec{v}$ を，磁場 $\vec{B}$ に対して垂直な成分 $v\sin\theta$ と，平行な成分 $v\cos\theta$ に分解します。

　磁場に対して垂直な平面内に投影した粒子は，粒子の受けるローレンツ力 $q(v\sin\theta)B$ を向心力として等速円運動をします。磁場の向きには，$v\cos\theta$ の等速度運動をします。これらの運動を合成すると，粒子はらせん軌道を描くことがわかります。

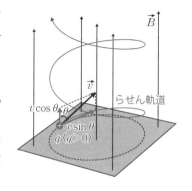

①**等速円**　②**らせん**……答

53 電磁誘導の現象

問題

次の空欄を埋めよ。

図のように，コイルを検流計につなぎ，コイル内に棒磁石を出し入れすると，検流計の針が動く。コイルに電流が流れたためである。この現象を電磁誘導といい，このとき生じた電流を（　①　）という。また，コイルには，電流を流すはたらきをする（　②　）が発生している。

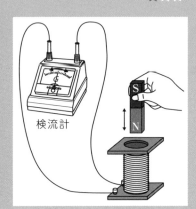

検流計

◉ 解くための材料

電磁誘導：コイルを貫く磁場のようすが変化すると，コイルには誘導起電力が発生し，回路には誘導電流が流れる。

🍳 **解き方** ••••••••••••••••••••••••••••••••••••

コイルを貫く磁力線の本数が変化すると，コイルには電池と同じはたらきをする誘導起電力が発生します。

コイルが電池のはたらきをするので，閉じた回路には電流が流れます。この電流のことを誘導電流といいます。

①**誘導電流**　②**誘導起電力**……**答**

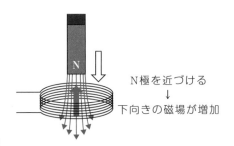

N極を近づける
↓
下向きの磁場が増加

変化を打ち消そうとして上向きの磁場を作るように，コイルに誘導起電力が発生する。

❗ 電磁誘導

「磁石を速く動かす」，「磁石の磁極を強くする」ほど誘導起電力は大きくなる。

物理基礎でやったね！

54 磁束と磁束密度

問題

レベル ★★★

断面積 $2.0×10^{-4}$ m^2 のコイルが
ある。磁束密度 $5.0×10^{-2}$ T の
一様な磁場中に，コイルの断面が
磁場に対して垂直になるように置
いた。コイルを貫く磁束を求めよ。

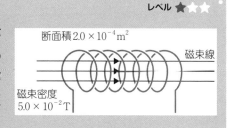

断面積 $2.0×10^{-4}$ m^2

磁束線

磁束密度
$5.0×10^{-2}$ T

🍴 解くための材料

磁束と磁束密度：磁場のある空間には磁束線が存在しており，磁場に対して垂直
な単位面積あたりの磁束線の本数が B 本であるとき，その場所の磁束密度を
B 〔T〕とする。すると，磁場に対して垂直な面積 S〔m^2〕を貫く磁束線の本数 Φ は，

$$\Phi = BS$$

となるが，この本数 Φ のことを磁束という。磁束の単位は Wb である。

解き方

手順1
物理量を確認

磁場に対して垂直な面積：$S = 2.0×10^{-4}$ m^2
磁束密度：$B = 5.0×10^{-2}$ T

手順2
式に代入して
計算する

より，磁束 Φ は，

$$\Phi = BS$$
$$= 5.0×10^{-2}×2.0×10^{-4}$$
$$= 1.0×10^{-5} \text{ Wb}$$

$$1.0×10^{-5} \text{ Wb} \cdots 答$$

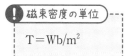

❗ 磁束密度の単位

$$T = Wb/m^2$$

❗ コイルの断面が磁束線に対して垂直でない場合

コイルの断面と磁束線のなす
角を θ とすると，コイルを貫
く磁束は次式で表される。

$$\Phi = BS\cos\theta$$

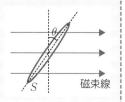

磁束線

コイルが磁場に対して
垂直な場合は $\Phi = BS$，
平行な場合は $\Phi = 0$

55 レンツの法則

問題

図のように，磁束密度 B〔T〕の一様な磁場（紙面の表→裏の向き）が存在する領域がある。正方形コイル ABCD は一定の速さ v〔m/s〕で平行移動し，磁場中に入りかけている。誘導電流の流れる向きを次の（ア），（イ）から選べ。

（ア）A→B→C→D→A

（イ）A→D→C→B→A

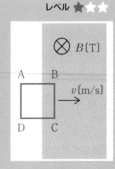

解くための材料

レンツの法則：コイルを貫く磁束の変化を妨げる向きに誘導起電力は生じる。誘導起電力の向きによって誘導電流の向きがわかる。

解き方

磁場が存在する領域には，紙面に垂直に表から裏に向かう向き（⊗）に磁束密度 B〔T〕の磁場があります。今，コイルは，磁場が存在する領域に入っているので，コイルを貫く磁束線も⊗の向きのものが増加します。よって，誘導起電力が生じます。誘導電流の向きは，誘導電流のつくる磁束線が⊙（紙面に垂直に裏から表に向かう向き）になるような向きです。

したがって，右ねじの法則より，誘導電流の向きは，

　　（イ）A→D→C→B→A

です。

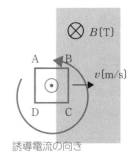

誘導電流の向き

（イ）……答

コイルが磁場の存在する領域から出るときは，誘導電流の向きはA→B→C→D→Aになるね！

56 電磁誘導の法則

問題

レベル ★★★

断面積が $1.0×10^{-3}$ m^2 で $2.0×10^3$ 巻の
コイルがある。これを垂直に貫いている磁場
の磁束密度が 0.20 s 間に一様に 5.0 T 増加
した。このコイルに発生する誘導起電力の大
きさを求めよ。

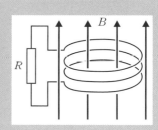

🍽 解くための材料

ファラデーの電磁誘導の法則：コイルを貫く磁束の変化によって，コイルには
誘導起電力 V〔V〕が発生する。

$$V=-N\frac{\Delta\Phi}{\Delta t}$$
$\begin{cases} \text{コイルの巻数 } N \\ \text{磁束変化}\Delta\Phi \text{〔Wb〕，時間変化}\Delta t \text{〔s〕} \end{cases}$

符号「$-$」は，誘導起電力が磁束の変化を妨げる向きに発生することを示す。

解き方

手順1
物理量を確認
する

磁場に対して垂直な面積：$S=1.0×10^{-3}$ m^2
磁束密度の変化：$\Delta B=5.0$ T
巻数：$N=2.0×10^3$
時間変化：$\Delta t=0.20$ s

手順2
式に代入して
計算する

磁束変化$\Delta\Phi$は，

$$\Delta\Phi=(\Delta B)S=5.0×1.0×10^{-3}=5.0×10^{-3} \text{ Wb}$$

となります。したがって，生じる誘導起電力の大きさは，

$$|V|=\left|-N\frac{\Delta\Phi}{\Delta t}\right|=2.0×10^3×\frac{5.0×10^{-3}}{0.20}=50 \text{ V}$$

50 V……答

> 磁束変化は，磁場（磁束密度）が変化することでも生じるし，
> 面積が変化することでも生じるよ。

57 磁場中を運動する導体棒の起電力①

問題

図のように，一様な磁束密度 $B = 5.0 \times 10^{-3}$ T の磁場と，磁場に垂直な面に長方形回路がある。導体棒 AB の長さは $L = 0.30$ m である。外力を加えて，導体棒 AB を一定の速さ 2.0 m/s で右の方向へ動かしている。

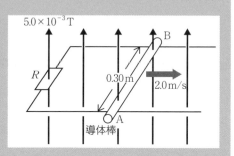

(1) 図の時刻から 0.50 s 経過する間の，回路を貫く磁束の変化の大きさを求めよ。

(2) 回路に生じる誘導起電力の大きさを求めよ。

🍴 解くための材料

磁場中を運動する導体棒の起電力：導体棒と導線，抵抗で閉回路ができている。閉回路をコイルとみなし，その面積が変化することでコイルを貫く磁束が変化すると考える。

🍳 **解き方**

(1) 導体棒 AB と導線，抵抗で右図のようなコイルができています。導体棒 AB は2.0 m/s で右の方向へ動いているので，0.50 s 経過すると，$2.0 \times 0.50 = 1.0$ m 右へ動きます。したがって，コイルの面積の変化 ΔS は，

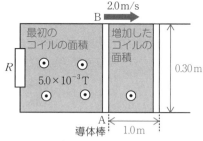

$$\Delta S = 1.0 \times 0.30 = 0.30 \text{ m}^2$$

磁束変化の大きさ $\Delta \Phi$ は， $\Delta \Phi = B\Delta S = 5.0 \times 10^{-3} \times 0.30 = 1.5 \times 10^{-3}$ Wb

$\mathbf{1.5 \times 10^{-3}}$ **Wb** ……**答**

(2) ファラデーの電磁誘導の法則より，生じる誘導起電力の大きさは，

$$|V| = \left| -N\frac{\Delta \Phi}{\Delta t} \right| = 1 \times \frac{1.5 \times 10^{-3}}{0.50} = 3.0 \times 10^{-3} \text{ V} \qquad \mathbf{3.0 \times 10^{-3}} \text{ V} ……\text{答}$$

電磁気

58 磁場中を運動する導体棒の起電力②

問題

レベル ★★☆

図のように，一様な磁束密度 4.0×10^{-3} T の磁場と，磁場に垂直な面に導体棒がある。導体棒 AB の長さは 0.20 m である。導体棒 AB が一定の速さ 3.0 m/s で右の方向へ動いている。導体棒 AB に生じる誘導起電力の大きさを求めよ。

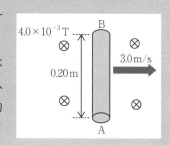

解くための材料

磁場中を運動する導体棒の起電力：磁場中を運動する導体棒には起電力が生じる。その起電力の大きさ V〔V〕は，次式で表される。

$$V = vBL \qquad \begin{cases} 導体棒の速さ\ v\,\text{〔m/s〕} \\ 磁束密度\ B\,\text{〔T〕} \\ 導体棒の長さ\ L\,\text{〔m〕} \end{cases}$$

解き方

手順①
物理量を確認する

$$\begin{cases} 導体棒の速さ：v = 3.0\ \text{m/s} \\ 磁束密度：B = 4.0 \times 10^{-3}\ \text{T} \\ 導体棒の長さ：L = 0.20\ \text{m} \end{cases}$$

手順②
式に代入して計算する

起電力の大きさ V〔V〕は，

$$V = vBL = 3.0 \times 4.0 \times 10^{-3} \times 0.20 = 2.4 \times 10^{-3}\ \text{V}$$

2.4×10^{-3} V ……答

前問では，起電力は，電磁誘導の法則によりコイル（回路）全体に発生したものだね。でも，導体棒自体が起電力 $V=vBL$ の電池のはたらきをしているんだ。

導体棒の中には自由電子があり，導体棒と一緒に右に運動すると，ローレンツ力を受ける。その結果，Aが負に，Bが正に帯電するね！

59 自己誘導

問題

自己インダクタンスが 0.10 H のコイルがある。このコイルに流れる電流が 1.0×10^{-2} s 間に 0.30 A 変化した。このコイルに発生する誘導起電力の大きさを求めよ。

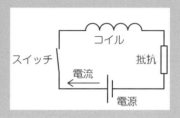

解くための材料

自己誘導：コイルに流れる電流の変化によって，コイルにはその変化を打ち消すように誘導起電力 V〔V〕が発生する。

$$V = -L \frac{\Delta I}{\Delta t} \quad \begin{cases} \text{自己インダクタンス } L \text{〔H〕} \\ \text{電流変化 } \Delta I \text{〔A〕，時間変化 } \Delta t \text{〔s〕} \end{cases}$$

※符号「−」は，誘導起電力が電流の変化を妨げる向きに生じることを示す。

 解き方 •

手順1
物理量を確認する

$$\begin{cases} \text{自己インダクタンス：} L = 0.10 \text{ H} \\ \text{電流変化：} \Delta I = 0.30 \text{ A} \\ \text{時間変化：} \Delta t = 1.0 \times 10^{-2} \text{ s} \end{cases}$$

手順2
式に代入して計算する

したがって，生じる誘導起電力の大きさは，

$$|V| = \left| -L \frac{\Delta I}{\Delta t} \right| = 0.10 \times \frac{0.30}{1.0 \times 10^{-2}} = 3.0 \text{ V}$$

3.0 V ……答

! 自己誘導

コイルに生じる磁場は電流に比例するので，そのコイルを貫く磁束 Φ も電流に比例する。したがって，単位時間あたりの磁束の変化 $\Delta \Phi$ は，単位時間あたりの電流の変化 ΔI に比例する。ファラデーの電磁誘導の法則より，自己誘導の式が得られる。

電磁誘導の法則で導くことができるね！

60 相互誘導

問題

レベル ★★★

相互インダクタンス 0.30 H のコイル1とコイル2がある。コイル1に流れる電流を 0.20 s 間で 0.50 A 変化させる場合，コイル2に生じる誘導起電力の大きさを求めよ。

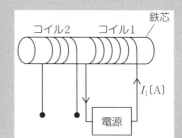

🍴 解くための材料

相互誘導：コイル1に流れる電流の変化によって，コイル2にはその磁束の変化を打ち消すように誘導起電力 V_2〔V〕が発生する。

$$V_2 = -M\frac{\Delta I_1}{\Delta t}$$

{ 相互インダクタンス M〔H〕
  コイル1の電流変化 ΔI_1〔A〕，時間変化 Δt〔s〕

※符号「−」は，誘導起電力が磁束の変化を妨げる向きに生じることを示す。

解き方

手順1
物理量を確認する

{ 相互インダクタンス：$M = 0.30\,\text{H}$
  コイル1の電流変化：$\Delta I_1 = 0.50\,\text{A}$
  時間変化：$\Delta t = 0.20\,\text{s}$

手順2
式に代入して計算する

したがって，コイル2に生じる誘導起電力の大きさは，

$$|V_2| = \left|-M\frac{\Delta I_1}{\Delta t}\right| = 0.30 \times \frac{0.50}{0.20} = 0.75\,\text{V}$$

0.75 V ……答

❗ 相互誘導

コイル2を貫く磁束はコイル1に生じる磁場に比例し，磁場はコイル1を流れる電流 I_1 に比例する。したがって，コイル2を貫く磁束の単位時間あたりの変化 $\dfrac{\Delta \Phi}{\Delta t}$ は，コイル1を流れる電流の単位時間あたりの変化 $\dfrac{\Delta I_1}{\Delta t}$ に比例する。コイル2に発生する誘導起電力 V_2 は，$\dfrac{\Delta I_1}{\Delta t}$ に比例する。

61 コイルのエネルギー

問題

図のように，電源，スイッチ，コイル，抵抗からなる回路がある。コイルの自己インダクタンスは 0.20 H である。スイッチを閉じると，コイルには 3.0 A の電流が流れる。このとき，コイルに蓄えられているエネルギーは何 J か。

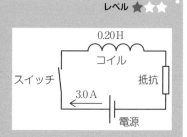

🍽 解くための材料

コイルのエネルギー：コイルに電流が流れると，コイルにはエネルギーが蓄えられる。コイルに蓄えられているエネルギー U 〔J〕は，次式で表される。

$$U = \frac{1}{2}LI^2 \quad \begin{cases} \text{自己インダクタンス } L \text{〔H〕} \\ \text{コイルに流れている電流 } I \text{〔A〕} \end{cases}$$

解き方

手順❶

式に代入する量と単位を確認する

$$\begin{cases} \text{自己インダクタンス：} L = 0.20 \text{ H} \\ \text{コイルに流れている電流：} I = 3.0 \text{ A} \end{cases}$$

手順❷

式に代入して計算する

コイルに蓄えられているエネルギー U は，

$$U = \frac{1}{2}LI^2$$

$$= \frac{1}{2} \times 0.20 \times 3.0^2$$

$$= 0.90 \text{ J}$$

0.90 J ……答

コイルがエネルギーを蓄えているので，スイッチを急に切ったとしても，回路にはわずかな時間だけど電流が流れ続けようとするよ！

62 交流の発生

問題

レベル ★★☆

次の空欄を埋めよ。ただし，円周率をπとする。

コイル ABCD（断面積 S〔m²〕）を磁束密度 B〔T〕の磁場中において，磁場と垂直な軸のまわりに角速度ω〔rad/s〕で回転させると，コイルにはファラデーの電磁誘導の法則に従って（ ① ）が発生する。この（①）を交流電圧という。このとき，（①）の最大値はωBS〔V〕，周期は（ ② ）となっている。

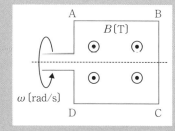

🍽 解くための材料

交流の発生：コイルを磁場中で回転させると，コイルを貫く磁束が時間的に変化し，誘導起電力が発生する。磁束Φが，

$$\Phi = BS\cos\omega t$$

で与えられるとき，誘導起電力 V〔V〕は，

$$V = \omega BS\sin\omega t$$

誘導起電力の最大値はωBS〔V〕，周期は

$\dfrac{2\pi}{\omega}$〔s〕となる。

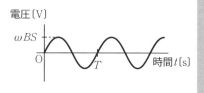

解き方

磁場中でコイルを回転させると，コイルを貫く磁束は時間的に変化し，ファラデーの電磁誘導の法則により<u>誘導起電力</u>が発生します。これが交流電圧です。

交流電圧の最大値はωBS〔V〕，周期はコイルの回転の周期と同じく$\dfrac{2\pi}{\omega}$〔s〕となります。

①誘導起電力 　②$\dfrac{2\pi}{\omega}$ ……答

交流におけるωのことを角周波数というよ！

63 抵抗を流れる交流

問題

抵抗値 20 Ωの抵抗に交流電圧
$V = 1.0 \sin 10\,t$〔V〕を加える。

(1) 流れる電流 I〔A〕を，時間 t〔s〕を用いて表せ。

(2) 交流電流の周期は何秒か。ただし，円周率を
$\pi = 3.14$ とする。

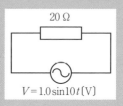
$20\ \Omega$
$V = 1.0 \sin 10 t$〔V〕

 解くための材料

抵抗を流れる交流：抵抗値 R〔Ω〕の抵抗に，交流電圧 $V = V_0 \sin \omega t$〔V〕 を加える。ただし，V_0 は交流電圧の最大値，t は時間，ω は角周波数である。この場合，オームの法則より流れる電流 I〔A〕は，次式で表される。

$$I = \frac{V}{R} = \frac{V_0 \sin \omega t}{R}$$

解き方

交流電圧 $V = 1.0 \sin 10\,t$〔V〕と，$V = V_0 \sin \omega t$〔V〕を比較すると，

　交流電圧の最大値：$V_0 = 1.0$ V

　角周波数：$\omega = 10$ rad/s

となることがわかります。

(1) オームの法則より，流れる電流 I〔A〕は，

$$I = \frac{V_0 \sin \omega t}{R} = \frac{1.0 \sin 10 t}{20} = 0.050 \sin 10\,t$$

$\boldsymbol{I = 0.050 \sin 10\,t}$……**答**

(2) 角周波数 ω と周期 T の間の関係 $T = \dfrac{2\pi}{\omega}$ より，$\omega = 10$ rad/s を代入して，

$$T = \frac{2\pi}{\omega} = \frac{2 \times 3.14}{10} = 0.6\overset{3}{2}8 \text{ s}$$

0.63 s……**答**

抵抗に接続された場合，電流と電圧は同じように振動することになるよ。これは位相が同じなんだ。

$T = \frac{2\pi}{\omega}$ はよく出てくる式だね。

64 電力と実効値

問題

レベル ★★☆

交流電圧（最大値 20 V）を抵抗に加えたところ，交流電流（最大値 0.20 A）が流れた。ただし，$\sqrt{2}=1.4$ とする。

(1) 交流電圧の実効値，交流電流の実効値を求めよ。

(2) 抵抗の消費電力の平均値を求めよ。

 解くための材料

電力と実効値：交流の最大値の $\dfrac{1}{\sqrt{2}}$ 倍を交流の実効値という。交流電圧の実効値を V_e〔V〕（最大値を V_0〔V〕），交流電流の実効値を I_e〔A〕（最大値を I_0〔A〕）とすると，消費電力の平均値 $\overline{P}$〔W〕は，次式で表される。

$$\overline{P} = I_e V_e = \frac{1}{2} I_0 V_0$$

解き方

(1) 実効値は，

$$交流電圧：V_e = \frac{V_0}{\sqrt{2}} = \frac{20}{\sqrt{2}} = \frac{20\sqrt{2}}{2} = 10\sqrt{2} = 14 \text{ V}$$

$$交流電流：I_e = \frac{I_0}{\sqrt{2}} = \frac{0.20}{\sqrt{2}} = \frac{0.20\sqrt{2}}{2} = 0.10\sqrt{2} = 0.14 \text{ A}$$

交流電圧の実効値：14 V，交流電流の実効値：0.14 A ……

(2) 消費電力の平均値 $\overline{P}$ は，

$$\overline{P} = I_e V_e = \frac{0.20}{\sqrt{2}} \times \frac{20}{\sqrt{2}} = 2.0 \text{ W}$$

2.0 W …… 答

消費電力の時間変化のグラフは右図のようになるよ。

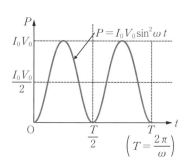

65 コイルを流れる交流

問題

自己インダクタンス 0.50 H のコイルに，交流電圧 $V = 0.20 \sin 4.0\,t$ 〔V〕を加える。ただし，円周率は π とする。

(1) 流れる電流 I〔A〕を，時間 t〔s〕を用いて表せ。

(2) 交流電流の最大値は何 A か。

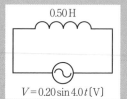

0.50 H

$V = 0.20 \sin 4.0\,t$〔V〕

解くための材料

コイルを流れる交流：自己インダクタンス L〔H〕のコイルに，交流電圧 $V = V_0 \sin \omega t$ を加える。ただし，V_0 は交流電圧の最大値，t は時間，ω は角周波数である。流れる電流 I〔A〕の位相は，電圧に対して $\dfrac{\pi}{2}$ 遅れている。

$$I = \frac{V_0}{\omega L} \sin\left(\omega t - \frac{\pi}{2}\right) \qquad (\text{リアクタンス } \omega L\,〔\Omega〕)$$

解き方

交流電圧 $V = 0.20 \sin 4.0\,t$〔V〕と，$V = V_0 \sin \omega t$〔V〕を比較すると，交流電圧の最大値は $V_0 = 0.20$ V，角周波数は $\omega = 4.0$ rad/s となります。

(1) 流れる電流 I〔A〕は，

$$I = \frac{V_0}{\omega L} \sin\left(\omega t - \frac{\pi}{2}\right)$$

$$= \frac{0.20}{4.0 \times 0.50} \sin\left(4.0\,t - \frac{\pi}{2}\right) = 0.10 \sin\left(4.0\,t - \frac{\pi}{2}\right)$$

$$\boldsymbol{I = 0.10 \sin\left(4.0\,t - \frac{\pi}{2}\right)} \cdots\cdots 答$$

抵抗に相当するリアクタンスは ωL〔Ω〕だね！

(2) (1)の結果より，交流電流の最大値は0.10 A となります。

$$\boldsymbol{0.10 \text{ A}} \cdots\cdots 答$$

コイルに接続された場合，電流と電圧の位相はずれるんだ。電流の位相は電圧に対して $\dfrac{\pi}{2}$ 遅れているよ。

！ 電流 $I = I_0 \sin \omega t$ に対しては

$$電圧\ V = \omega L I_0 \sin\left(\omega t + \frac{\pi}{2}\right)$$

66 コンデンサーを流れる交流

問題

レベル ★★☆

電気容量 0.10 F のコンデンサーに，交流電圧 $V = 0.20\sin 5.0\,t$ 〔V〕を加える。ただし，円周率は π とする。

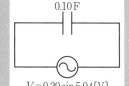

0.10 F

$V = 0.20\sin 5.0\,t$ 〔V〕

(1) 流れる電流 I〔A〕を，時間 t〔s〕を用いて表せ。

(2) 交流電流の最大値は何 A か。

解くための材料

コンデンサーを流れる交流：電気容量 C〔F〕のコンデンサーに，交流電圧 $V = V_0\sin\omega t$〔V〕を加える。ただし，V_0 は交流電圧の最大値，t は時間，ω は角周波数である。流れる電流 I〔A〕の位相は，電圧に対して $\dfrac{\pi}{2}$ 進んでいる。

$$I = \omega C V_0 \sin\left(\omega t + \frac{\pi}{2}\right) \quad \left(\text{リアクタンス } \frac{1}{\omega C}\ \text{〔Ω〕}\right)$$

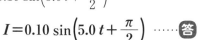 解き方

交流電圧 $V = 0.20\sin 5.0\,t$〔V〕と，$V = V_0\sin\omega t$〔V〕を比較すると，交流電圧の最大値は $V_0 = 0.20$ V，角周波数は $\omega = 5.0$ rad/s となります。

(1) 流れる電流 I〔A〕は，

$$I = \omega C V_0 \sin\left(\omega t + \frac{\pi}{2}\right)$$

$$= 5.0 \times 0.10 \times 0.20 \sin\left(5.0\,t + \frac{\pi}{2}\right)$$

$$= 0.10 \sin\left(5.0\,t + \frac{\pi}{2}\right)$$

$$\boldsymbol{I = 0.10 \sin\left(5.0\,t + \frac{\pi}{2}\right)} \ \cdots\cdots\text{答}$$

抵抗に相当するリアクタンスは $\dfrac{1}{\omega C}$〔Ω〕だね！

(2) (1)の結果より，交流電流の最大値は 0.10 A となります。 **0.10 A**……答

コンデンサーに接続された場合，電流と電圧の位相はずれるんだ。電流の位相は電圧に対して $\dfrac{\pi}{2}$ 進んでいるよ。

 電流 $I = I_0\sin\omega t$ に対しては

$$\text{電圧 } V = \frac{I_0}{\omega C}\sin\left(\omega t - \frac{\pi}{2}\right)$$

67 交流回路のインピーダンス

問題

図のように，直列接続した 10 Ω の抵抗，自己インダクタンス 0.20 H のコイル，電気容量 1.0×10^{-3} F のコンデンサーに，角周波数 1.0×10^{2} rad/s の交流電圧を加える。この回路のインピーダンスを求めよ。ただし，$\sqrt{2} = 1.4$ とする。

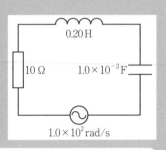

解くための材料

直列 RLC 回路のインピーダンス：抵抗値 R〔Ω〕の抵抗，自己インダクタンス L〔H〕のコイル，電気容量 C〔F〕のコンデンサーを直列にして，角周波数 ω〔rad/s〕の交流電源に接続する。このとき，回路の抵抗に相当するインピーダンス Z〔Ω〕は次式で表される。

$$Z = \sqrt{R^{2} + \left(\omega L - \frac{1}{\omega C}\right)^{2}}$$

 解き方

抵抗の抵抗値：$R = 10$ Ω，コイルの自己インダクタンス：$L = 0.20$ H
コンデンサーの電気容量：$C = 1.0 \times 10^{-3}$ F
交流電源の角周波数：$\omega = 1.0 \times 10^{2}$ rad/s

回路のインピーダンスの式に代入します。

$$Z = \sqrt{R^{2} + \left(\omega L - \frac{1}{\omega C}\right)^{2}}$$

$$= \sqrt{10^{2} + \left(1.0 \times 10^{2} \times 0.20 - \frac{1}{1.0 \times 10^{2} \times 1.0 \times 10^{-3}}\right)^{2}}$$

$$= \sqrt{10^{2} + (20 - 10)^{2}} = \sqrt{200} = 10\sqrt{2} = 14 \text{ Ω}$$

14 Ω……**答**

回路のインピーダンスは，抵抗に相当する量だよ！単位も抵抗値と同じΩなんだ。

68 共 振

問題　　　　　　　　　　　　　　　　　レベル ★★☆

図のように，直列接続した 10 Ω の抵抗，自
己インダクタンス 0.20 H のコイル，電気容
量 2.0×10^{-3} F のコンデンサーに，交流電
圧を加える。回路に流れる電流の実効値が
最大となる場合の周波数を求めよ。ただし，
円周率を $\pi = 3.14$ とする。

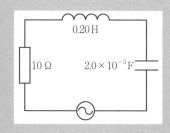

解くための材料

共振：直列 RLC 回路のインピーダンス Z は $Z = \sqrt{R^2 + \left(\omega L - \dfrac{1}{\omega C} \right)^2}$ であり，

インピーダンスが最小になる場合の角周波数を ω_0 とすると，$\omega_0 = \dfrac{1}{\sqrt{LC}}$ となる。

したがって，電流の実効値が最大となる場合（共振）の周波数（共振周波数）f_0
は次式で表される。

$$f_0 = \frac{\omega_0}{2\pi} = \frac{1}{2\pi\sqrt{LC}}$$

解き方

コイルの自己インダクタンス $L = 0.20$ H，コンデンサーの電気容量 $C = 2.0 \times 10^{-3}$ F
より，共振となる場合の角周波数 ω_0 は，

$$\omega_0 = \frac{1}{\sqrt{LC}} = \frac{1}{\sqrt{0.20 \times 2.0 \times 10^{-3}}} = \frac{1}{\sqrt{4.0 \times 10^{-4}}} = \frac{1}{2.0 \times 10^{-2}}$$

よって，共振となる場合の周波数 f_0 は，

$$f_0 = \frac{\omega_0}{2\pi} = \frac{\dfrac{1}{2.0 \times 10^{-2}}}{2 \times 3.14} = \frac{1}{2 \times 3.14 \times 2.0 \times 10^{-2}} = \overset{8.0}{7.96}\ \text{Hz}$$

8.0 Hz……答

そうか！
インピーダンスは，回路の
抵抗に相当するんだったね！

抵抗に相当するインピーダンス
の式の $\left(\omega L - \dfrac{1}{\omega C} \right)$ が 0 に
なる場合に，電流の実効値が
最大となるよ！

69 電気振動

図のように，自己インダクタンスが 5.0 H のコイルと，電気容量が 2.0×10^{-5} F のコンデンサーを接続した。はじめコンデンサーは 20 V の電圧を加えて電荷を蓄えておいた。次の問いに答えよ。ただし，円周率を 3.14 とする。

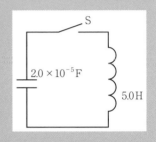

(1) コンデンサーに蓄えられている電気量を求めよ。

(2) スイッチ S を閉じると，回路には電気振動が生じる。この電気振動の周波数を求めよ。

🎯 解くための材料

電気振動：コンデンサーを充電したあと，コンデンサーをコイルに接続すると，コイルとコンデンサーの回路に振動する電流が流れる。この電気振動の周波数 f〔Hz〕は次式で表される。

$$f = \frac{1}{2\pi\sqrt{LC}} \quad \begin{cases} \text{コイルの自己インダクタンス } L\,\text{〔H〕} \\ \text{コンデンサーの電気容量 } C\,\text{〔F〕} \end{cases}$$

🍳 解き方

(1) コンデンサーの式に代入します。

$$Q = CV = 2.0 \times 10^{-5} \times 20 = 4.0 \times 10^{-4}\ \text{C}$$

4.0×10^{-4} C……答

(2) 電気振動の周波数 f は，式に代入して，

$$f = \frac{1}{2\pi\sqrt{LC}} = \frac{1}{2 \times 3.14 \times \sqrt{5.0 \times 2.0 \times 10^{-5}}}$$

$$= \frac{1}{6.28 \times 10^{-2}} = 15.9\cdots\ \text{Hz}$$

16 Hz……答

回路には交流電源はないけど，交流電流のように振動する電流が流れるのか！

あーして～

こーして～

電気振動の周期 T は，
$$T = \frac{1}{f} = 6.28 \times 10^{-2}\cdots\text{s}$$
だね。

70 電磁波

問題

レベル ★★★

次の空欄を埋めよ。

（　①　）は，変動する電場と磁場が波動となって空間を伝わっていく。

真空中を伝わる（①）の速さは，（　②　）m/s である。

表　（①）の周波数と波長の関係						
種類	電波　（　③　）線　可視光線　（　④　）線　（　⑤　）線　γ線					
	赤・橙・黄・緑・青・藍・紫					
周波数	小さい ←―――――――――――――――――→ 大きい					
波長	長い ←―――――――――――――――――→ 短い					

🍽 解くための材料

電磁波：電磁波は19世紀の物理学者マクスウェルが理論的にその存在を予言し，ヘルツがその後に実験によって検出することに成功した。ヘルツは，電磁波が光と同様に，直進，屈折，反射することを確かめた。

解き方

変動する電場と磁場は，波動となって空間を伝わっていきます。これが電磁波です。

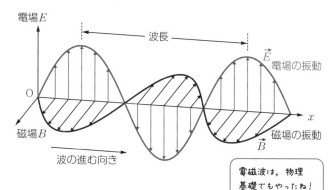

真空中を伝わる電磁波の速さは，電磁波の種類によらず，3.0×10^8 m/s です。

電磁波の種類としては，波長の長い方から「電波」，「赤外線」，「可視光線」，「紫外線」，「X線」，「γ線」があります。

①電磁波　②$3.0 \times 10^8$　③赤外

④紫外　⑤X……答

可視光線については P120

電磁波は，物理基礎でもやったね！

コイルやコンデンサーの消費電力

 「コイルとコンデンサーのリアクタンス（抵抗としてのはたらき）はωL〔Ω〕，$\dfrac{1}{\omega C}$〔Ω〕だけど，コイルやコンデンサーの消費電力ってどうなっているの？」

 「もし，コイルに交流電圧$V = V_0 \sin \omega t$ が加わっている場合，コイルに流れる電流はどうなるかわかるかな？」

 「えーっと，コイルの場合，電流と電圧の位相がずれるから……」

 「流れる電流は，電圧に対して位相が$\dfrac{\pi}{2}$遅れているから，

$$I = \frac{V_0}{\omega L} \sin\left(\omega t - \frac{\pi}{2}\right)$$

となるのか！」

 「その通り！　電圧や電流の時間変化をグラフにすると次のようになるよ」

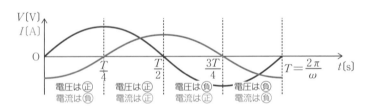

 「じゃあ，**電圧と電流の積である消費電力**の時間変化のグラフは……」

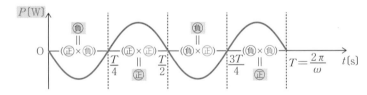

 「こんな感じになって，正と負が交互に現れるよ」

 「そう。消費電力の1周期あたりの時間平均は0となり，コイルでは電力を消費しないんだ。コンデンサーの消費電力も0になるよ！」

原 子

原子

1 トムソンの実験①

レベル ★★☆

問題

図のように，平行極板間に大きさ E〔N/C〕の一様な電場をかけ，質量 m〔kg〕，電気量 $-e$〔C〕の電子を x 軸の正の向きに入射させた。

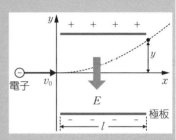

(1) 電子が受ける静電気力の大きさを求めよ。

(2) 電子の y 軸方向の加速度の大きさを求めよ。

 解くための材料

静電気力

$$F=qE \begin{cases} \text{静電気力の大きさ } F\text{〔N〕} \\ \text{電気量 } q\text{〔C〕} \\ \text{電場の大きさ } E\text{〔N/C〕} \end{cases}$$

 解き方

(1) 電子は，電場から静電気力を受けます。静電気力の大きさ F を求めるので，静電気力の式に文字を代入します。大きさだけを求めるので，$-e$ ではなく e を代入することに気をつけましょう。

$$F=qE=eE$$

静電気力と電場の関係は **P152**

$$eE \cdots\cdots 答$$

(2) 電子は，静電気力を受けて y 軸方向に加速します。加速度の大きさ a を求めるので，運動方程式

$$ma=F$$

を変形して，(1)の答えを代入します。

電子は負の電気量をもつから，静電気力の向きは電場と逆向きになるんだね！

$$a=\frac{F}{m}=\frac{eE}{m}$$

$$\frac{eE}{m} \cdots\cdots 答$$

2 トムソンの実験②

問題

レベル ★★☆

前ページの問題1について，電子を入射させた初速度の大きさを v_0〔m/s〕，平行極板の長さを l〔m〕，入射位置からの y 軸方向のずれを y〔m〕とする。

(1) 電子が極板間を通過する時間を求めよ。

(2) 電子の比電荷 $\dfrac{e}{m}$ を求めよ。

🍽 解くための材料

平面上の運動

x 軸と y 軸のそれぞれの方向の運動について，式を立てる。

解き方

(1) 電子は，x 軸方向には等速直線運動（速さ v_0）をします。時間 t を求めるので，等速直線運動の式

$x = vt$

を変形して，文字を代入します。

$$t = \frac{x}{v} = \frac{l}{v_0} \qquad \boldsymbol{\frac{l}{v_0}} \cdots\cdots 答$$

(2) 電子は，y 軸方向には等加速度直線運動（初速度0）をします。等加速度直線運動の変位の式

$$y = \frac{1}{2}at^2$$

に，(1)と前ページの問題1(2)の答えを代入します。

$$y = \frac{1}{2} \cdot \frac{eE}{m}\left(\frac{l}{v_0}\right)^2$$

これを，求める比電荷 $\dfrac{e}{m}$ について変形します。

$$\frac{e}{m} = \frac{2v_0{}^2 y}{El^2} \qquad \boldsymbol{\frac{2v_0{}^2 y}{El^2}} \cdots\cdots 答$$

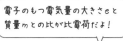

電子のもつ電気量の大きさ e と質量 m との比が比電荷だよ！

3 ミリカンの実験

問題

帯電した油滴の電気量を調べたところ，次の値が得られた。これらの値から電気素量 e〔C〕を求めよ。

    4.80 6.40 8.04 11.24 12.90 （×10^{-19} C）

🍴 解くための材料

油滴の電気量は，電気素量の整数倍となっている。

🍳 解き方

帯電は電子の過不足によって起こるので，帯電体の電気量は必ず電気素量 e の整数倍になります。隣り合う値の差をとると，

    4.80 6.40 8.04 11.24 12.90

    ∨   ∨   ∨   ∨   ここに注意！

    1.60 1.64 3.20 1.66

となります。この最小値 1.60×10^{-19} C が電気素量 e であると考えると，それぞれの油滴の電気量は，

    $3e$ $4e$ $5e$ $7e$ $8e$

               $6e$ ではなく $7e$ です

と表せます。

5つの値の和から平均を計算します。

$$e = \frac{4.80+6.40+8.04+11.24+12.90}{3+4+5+7+8} \times 10^{-19} = 1.6066\cdots \times 10^{-19} \text{ C}$$

    $\mathbf{1.607 \times 10^{-19} \text{ C} \cdots\cdots}$ 答

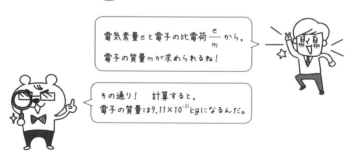

電気素量 e と電子の比電荷 $\dfrac{e}{m}$ から，電子の質量 m が求められるね！

その通り！ 計算すると，電子の質量は 9.11×10^{-31} kg になるんだ。

4 光電効果①

問題

次の空欄を埋めよ。

図のように，よくみがいた亜鉛板^{はく}を箔検電器の上にのせ，全体を負に帯電させたところ，箔は開いた。亜鉛板に紫外線を当てると，箔が閉じる。これは，亜鉛板の表面から（　①　）が飛び出したためである。このような現象を（　②　）といい，飛び出した（①）を（　③　）という。

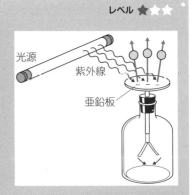

光源
紫外線
亜鉛板

🍴 解くための材料

光電効果
光を金属に当てると，その表面から電子が飛び出してくる。この現象を光電効果といい，飛び出す電子を光電子という。

🍳 解き方

全体を負に帯電させた箔検電器の箔が開くのは，通常より多く存在する電子どうしが反発し合うためです。紫外線を当てることによって，箔が閉じたということは，電子が飛び出した分だけ，箔の電子が減り，反発し合う力が小さくなったと考えられます。

箔検電器は **P148**

このように光が当たることで金属から電子が飛び出す現象を光電効果といい，飛び出す電子を光電子といいます。

①電子　②光電効果　③光電子……答

光で電子が飛び出した！

5 光電効果②

問題

光電効果について説明した文として，正しいものを1つ選べ。

（ア）　金属に当てる光の振動数が，ある振動数よりも小さいと，どんなに強い光でも光電効果は起こらない。

（イ）　金属に当てる光を強く（明るく）するほど，飛び出す光電子の運動エネルギーの最大値も大きくなる。

（ウ）　金属に当てる光の振動数と，飛び出す光電子の運動エネルギーの最大値は関係ない。

解くための材料

光の振動数
光電効果が起こるかどうかや，飛び出す電子（光電子）の運動エネルギーの最大値は，光の振動数によって決まる。

解き方

　金属に当てる光の振動数が，ある振動数よりも小さいと，光の強さ（明るさ）にかかわらず光電効果は起こりません。この振動数を限界振動数といい，金属の種類によって決まった値になります。

　また，飛び出す電子（光電子）の運動エネルギーの最大値は，光の振動数によって決まり，光の強さ（明るさ）にはよりません。

（ア）……答

チェック

光の振動数が限界振動数より大きいと，光が弱くても光を当てた瞬間に光電子が飛び出すよ。

光を波だと考えると，説明がつかない…!?

6 光量子仮説
こうりょうし

問題 レベル ★★★

プランク定数を $h = 6.6 \times 10^{-34}$ J·s, 真空中の光速を $c = 3.0 \times 10^8$ m/s として, 次の各問いに答えよ。

(1) 光の振動数が 4.6×10^{14} Hz のとき, この光の光子1個のエネルギーは何 J か。

(2) 光の波長が 5.0×10^{-7} m のとき, この光の光子1個のエネルギーは何 J か。

🍴 解くための材料

光子（光量子）のエネルギー

$$E = h\nu = \frac{hc}{\lambda} \quad \begin{cases} \text{光子のエネルギー } E\,(\text{J}) \\ \text{プランク定数 } h\,(\text{J·s}) \\ \text{振動数 } \nu\,(\text{Hz}), \text{ 波長 } \lambda\,(\text{m}) \\ \text{真空中の光速 } c\,(\text{m/s}) \end{cases}$$

解き方 ・・・・・・・・・・・・・・・・・・・・・・・・・・・・・・・・・・・・・

(1) 光子のエネルギー E を求めるので, 光子のエネルギーの式に代入します。

$E = h\nu = 6.6 \times 10^{-34} \times 4.6 \times 10^{14} = 3.03\cdots \times 10^{-19}$ J

$\mathbf{3.0 \times 10^{-19}}$ **J**……**答**

(2) 光子のエネルギー E を求めるので, 光子のエネルギーの式に代入します。

$$E = \frac{hc}{\lambda} = \frac{6.6 \times 10^{-34} \times 3.0 \times 10^8}{5.0 \times 10^{-7}}$$

$$= 3.\overset{4.0}{\cancel{96}} \times 10^{-19} \text{ J}$$

$\mathbf{4.0 \times 10^{-19}}$ **J**……**答**

❗ 光の速さ

波の速さ：$v = f\lambda$

光の速さ：$c = \nu\lambda$

アインシュタインは, 光は波であるだけでなく, 粒子としての性質ももつという光量子仮説を発表し, 光電効果の説明に成功したんだ！

$E = h\nu$ の ν はギリシャ文字で, 「ニュー」と読むよ。

7 限界振動数と仕事関数

> **問題**
>
> セシウムの限界振動数は $4.6×10^{14}$ Hz である。プランク定数を
> $h=6.6×10^{-34}$ J・s とする。
>
> (1) セシウムの仕事関数は何 J か。
>
> (2) セシウムに振動数が $5.7×10^{14}$ Hz の光を当てたとき，飛び出す光
> 電子の運動エネルギーの最大値は何 J か。
>
> **🍽 解くための材料**
>
> 光電子の運動エネルギーの最大値
>
> $$K_0 = h\nu \cdot W \quad \begin{cases} \text{光電子の運動エネルギーの最大値 } K_0 (\text{J}) \\ \text{プランク定数 } h (\text{J・s}) \\ \text{振動数 } \nu (\text{Hz})，\text{仕事関数 } W (\text{J}) \end{cases}$$

解き方

(1) 電子を金属の表面から取り出すのに必要な最小限のエネルギーを仕事関数と
いいます。限界振動数 ν_0 の光子が電子に与えるエネルギー $h\nu_0$ が，仕事関数
W に等しいと考えられます。

$$W=h\nu_0=6.6×10^{-34}×4.6×10^{14}=3.03\cdots×10^{-19} \text{ J}$$

$3.0 ×10^{-19}$ J ……**答**

(2) 光電子の運動エネルギーの最大値の式に数値を代入します。

$$K_0=h\nu-W=6.6×10^{-34}×5.7×10^{14}-3.03×10^{-19}=7.32×10^{-20} \text{ J}$$

$7.3 ×10^{-20}$ J ……**答**

> **❗ 光電子の運動エネルギーの最大値**
>
> 電子が光子からもらったエネルギー $h\nu$ のうち，金属
> から飛び出すのに仕事関数 W だけエネルギーが必要
> なので，飛び出たあとの光電子の運動エネルギーの
> 最大値は $h\nu-W$ になる。

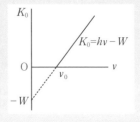

8 電子ボルト

問題

レベル ★★★

前ページの問題7⑵の光電子の運動エネルギーの最大値を電子ボルトの
単位で求めよ。

🍴 解くための材料

電子ボルト
$$1\,\mathrm{eV} = 1.6 \times 10^{-19}\,\mathrm{J}$$

解き方

電子や光子などのミクロなエネルギーを扱うとき，J（ジュール）という単位
は大きすぎるので，かわりに電子ボルト（エレクトロンボルト）という単位を使
い，eV という記号で表します。1電子ボルトは，電子1個が1Vの電位差で加
速されたときに得るエネルギーなので，エネルギーUは，

$$U = qV$$
$$= \underset{\text{電子の電気量の大きさ}}{1.6 \times 10^{-19}} \times 1 = 1.6 \times 10^{-19}\,\mathrm{J}$$

となります。これが1電子ボルトなので，

$1\,\mathrm{eV} = 1.6 \times 10^{-19}\,\mathrm{J}$ の関係が成り立ちます。

電位と位置エネルギーは P158

この関係を使って，求める光電子の運動エネルギーの最大値の単位をジュール
から電子ボルトに直します。

$$7.32 \times 10^{-20}\,\mathrm{J} \times \frac{1\,\mathrm{eV}}{1.6 \times 10^{-19}\,\mathrm{J}} = 0.4\overset{6}{5}7\cdots\mathrm{eV}$$

0.46 eV……**答**

ジュールを電子ボルトに直すには，
1.6×10^{-19} で割ればいいのね！

そうか！

9 Ｘ線

問題

次の空欄を埋めよ。

レントゲンは，高速の（　①　）を金属に衝突させると未知の放射線が発生することを発見し，これをＸ線と名づけた。のちに，Ｘ線は可視光線よりも波長が（　②　）い電磁波であることがわかった。Ｘ線には蛍光作用や気体を電離させる（　③　）作用，写真フィルムを感光させる（　④　）作用がある。Ｘ線写真は，Ｘ線の（　⑤　）力が強いという特徴が利用されている。

🍽 解くための材料

Ｘ線の特徴
$\begin{cases} 蛍光作用・電離作用・感光作用・透過力が強い \\ 電場や磁場に影響されずに直進する。 \end{cases}$

🍳 解き方 ･････････････････････････････････････

　レントゲンは，真空放電の研究中，陰極から出た電子を高速に加速して陽極の金属に衝突させると，未知の放射線が発生することを発見しました。これがＸ線です。

　Ｘ線は波長が短い（0.001 nm〜1 nm 程度）電磁波であり，蛍光作用や電離作用，感光作用，透過力が強いといった特徴をもちます。

　Ｘ線写真の撮影や結晶構造の解析など，Ｘ線はさまざまな場面で利用されています。

①電子　②短　③電離　④感光　⑤透過……**答**

正体不明だったからX線と名づけられたんだ。ちなみに，X線写真のことを，レントゲン写真ともいうね！

なるほど！

原 子

10 X線の種類

問題

レベル ★★★

ある金属に加速した電子を衝突させた
とき，発生するX線の波長と強度との
関係を調べたところ，図のようなグラ
フが得られた。次の各問いに答えよ。

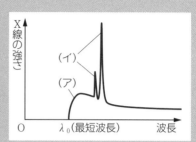

(1) このようなグラフを何というか。

(2) （ア）・（イ）のX線をそれぞれ何
というか。

(3) 衝突させる電子の加速の度合いを変えると，（イ）の波長はどうなる
か。

解くための材料

X線の種類
- 連続X線のスペクトルは，連続的な形になる。
- 特性X線（固有X線）のスペクトルは，特定の波長の強いスペクトルになる。

解き方

(1) X線の波長と強さの関係を表したものをスペクトルといいます。

スペクトル……答

(2) X線のスペクトルには，連続的な形をした連続X線と，特定の波長の強い
不連続な形をした特性X線（または固有X線）があります。

（ア）連続X線 （イ）特性X線（固有X線）……答

(3) 特性X線の波長は，電子を衝突させる金属の種類によって決まり，衝突さ
せる電子の加速の度合いにはよりません。

変わらない……答

特性X線の波長は
金属の種類で決まるよ！

11 連続X線の最短波長

レベル ★★☆

初速度 0 m/s の電子を 2.0×10^4 V の電圧で加速させて金属に衝突させた。電気素量を $e = 1.6 \times 10^{-19}$ C, プランク定数を $h = 6.6 \times 10^{-34}$ J·s, 真空中の光速を $c = 3.0 \times 10^8$ m/s として, このとき発生する連続X線の最短波長を求めよ。

🍴 解くための材料

連続 X 線の最短波長

$$\lambda_0 = \frac{hc}{eV}$$

$\begin{cases} \text{連続 X 線の最短波長 } \lambda_0\,\text{(m)} \\ \text{プランク定数 } h\,\text{(J·s)} \\ \text{真空中の光速 } c\,\text{(m/s)} \\ \text{電気素量 } e\,\text{(C), 加速電圧 } V\,\text{(V)} \end{cases}$

🍳 解き方

電圧 V で加速された電子は eV のエネルギーで金属に衝突します。このエネルギーがすべて X 線の光子のエネルギー $\frac{hc}{\lambda}$ に変わったとき, X 線の波長 λ は最短波長 λ_0 となります。

X 線の最短波長 λ_0 を求めるので, 連続 X 線の最短波長の式

$$\lambda_0 = \frac{hc}{eV}$$

に, 数値を代入します。

$$\lambda_0 = \frac{hc}{eV}$$

$$= \frac{6.6 \times 10^{-34} \times 3.0 \times 10^8}{1.6 \times 10^{-19} \times 2.0 \times 10^4} = 6.18\cdots \times 10^{-11}\,\text{m}$$

$$\boxed{6.2 \times 10^{-11}\,\text{m} \cdots\cdots 答}$$

電子のエネルギーのうち一部が
X線の光子のエネルギーに変わると,
X線の波長は最短波長よりも長くなるね！

原 子

12 X線の波動性（ブラッグの条件）

問題

レベル ★★☆

図のように，原子が規則的に並んだ結
晶がある。格子面 a，b（原子が並んだ
面）に波長 3.0×10^{-10} m の X 線を，
図の角度 θ を 0 からしだいに大きくし
ながら入射させたところ，$\theta = 30°$ のと
きにはじめて強い反射 X 線が観測され
た。格子面の間隔 d を求めよ。

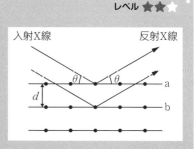

解くための材料

ブラッグの条件

$$2d \sin \theta = n\lambda \quad (n=1, 2, 3, \cdots)$$

格子面の間隔 d〔m〕
格子面と入射 X 線のなす角 θ〔°〕
波長 λ〔m〕

原
子

解き方

格子面 a と b で反射する X 線の経路の差
は $2d \sin \theta$ になるので，これが X 線の波長
の整数倍に等しいとき，X 線は干渉によって
強め合います。ブラッグは，このように X 線
に波動性があることを明らかにしました。

格子面の間隔 d を求めるので，ブラッグの
条件の式

$$2d \sin \theta = n\lambda$$

を変形して，数値を代入します。はじめて強い反射 X 線が
観測されたので，n には 1 を代入します。

$$d = \frac{n\lambda}{2\sin \theta} = \frac{1 \times 3.0 \times 10^{-10}}{2\sin 30°} = 3.0 \times 10^{-10} \text{ m}$$

$$\mathbf{3.0 \times 10^{-10} \text{ m}} \cdots\cdots \mathbf{答}$$

X線を利用して，
原子の並ぶ間隔を
調べられた！

13 X線の粒子性（コンプトン効果）①

図のように，波長 λ [m]のX線を質量 m [kg]の静止している電子に当てたところ，X線は入射方向に対して α の方向に散乱され，電子は β の方向に速さ v [m/s]ではね飛ばされた。散乱されたX線の波長を λ' [m]，プランク定数を h [J·s]，真空中の光速を c [m/s]として，入射方向について運動量保存の法則の式を立てよ。

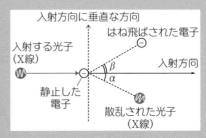

入射方向に垂直な方向
はね飛ばされた電子（－）
入射する光子（X線）
入射方向
β
α
静止した電子
散乱された光子（X線）

🍽 解くための材料

光子の運動量

$$p = \frac{h\nu}{c} = \frac{h}{\lambda}$$

光子の運動量 p [kg·m/s]，プランク定数 h [J·s]
振動数 ν [Hz]，波長 λ [m]，真空中の光速 c [m/s]

解き方

運動量保存の法則より，図のように，入射方向について，衝突前のX線の光子の運動量 $\dfrac{h}{\lambda}$ が，衝突後のX線の光子の運動量

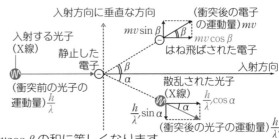

入射方向に垂直な方向
（衝突後の電子の運動量）mv
$mv\sin\beta$
$mv\cos\beta$
入射する光子（X線）
静止した電子
はね飛ばされた電子
（衝突前の光子の運動量）$\dfrac{h}{\lambda}$
β
α
入射方向
散乱された光子（X線）
$\dfrac{h}{\lambda'}\sin\alpha$
$\dfrac{h}{\lambda'}\cos\alpha$
（衝突後の光子の運動量）$\dfrac{h}{\lambda'}$

$\dfrac{h}{\lambda'}\cos\alpha$ と電子の運動量 $mv\cos\beta$ の和に等しくなります。

$$\frac{h}{\lambda} = \frac{h}{\lambda'}\cos\alpha + mv\cos\beta \cdots\cdots 答$$

❗ コンプトン効果

コンプトンは，X線を物質に当てると，散乱X線の中に，入射X線よりも波長の長いX線が含まれていることを発見した。この現象をコンプトン効果という。

14 X線の粒子性（コンプトン効果）②

問題

レベル ★★★

静止している電子に，波長 9.0×10^{-12} m のX線を当てたところ，入射方向に対して 45°の方向に散乱X線が観測された。電子の質量を $m = 9.1 \times 10^{-31}$ kg，プランク定数を $h = 6.6 \times 10^{-34}$ J·s，真空中の光速を $c = 3.0 \times 10^8$ m/s として，散乱X線の波長を求めよ。ただし，$\sqrt{2} = 1.4$ とする。

🍴 解くための材料

散乱 X 線の波長

$$\lambda' = \lambda + \frac{h}{mc}(1 - \cos\alpha)$$

$$\begin{cases} 散乱 X 線の波長 \lambda' \text{〔m〕} \\ 入射 X 線の波長 \lambda \text{〔m〕，プランク定数} h \text{〔J·s〕} \\ 電子の質量 m \text{〔kg〕，真空中の光速} c \text{〔m/s〕} \\ 入射方向に対する散乱角 \alpha \text{〔°〕} \end{cases}$$

🍳 解き方

散乱 X 線の波長 λ' を求めるので，散乱 X 線の波長の式に代入します。

$$\lambda' = \lambda + \frac{h}{mc}(1 - \cos\alpha)$$

$$= 9.0 \times 10^{-12} + \frac{6.6 \times 10^{-34}}{9.1 \times 10^{-31} \times 3.0 \times 10^8}(1 - \cos 45°)$$

$$= 9.72\cdots \times 10^{-12} \text{ m}$$

$$\boldsymbol{9.7 \times 10^{-12} \text{ m}} \cdots\cdots 答$$

❗ 散乱 x 線の波長

前ページの問題の入射方向についての運動量保存の法則の式に加えて，

入射方向と垂直な方向についての運動量保存の法則の式 $0 = -\dfrac{h}{\lambda'}\sin\alpha + mv\sin\beta$

エネルギー保存の法則の式 $\dfrac{hc}{\lambda} = \dfrac{hc}{\lambda'} + \dfrac{1}{2}mv^2$

を用いると，$\lambda' \fallingdotseq \lambda$ のとき $\lambda' = \lambda + \dfrac{h}{mc}(1 - \cos\alpha)$ が成り立つのがわかる。

15 物質波（ド・ブロイ波）

問題

静止していた電子を加速電圧 V(V)で加速させた。電子の質量を m(kg)，電気素量を e(C)として，次の各問いに答えよ。

(1) この電子の速さを求めよ。

(2) この電子の電子波の波長を求めよ。

🍽 解くための材料

物質波（ド・ブロイ波）の波長

$$\lambda = \frac{h}{p} = \frac{h}{mv}$$

- 物質波（ド・ブロイ波）の波長 λ (m)
- プランク定数 h (J·s)
- 運動量 p (kg·m/s)，質量 m (kg)，速さ v (m/s)

🍳 解き方

(1) 電子が加速すると，eV のエネルギーが運動エネルギーに変わります。

$eV = \dfrac{1}{2} mv^2$ より，これを求める電子の速さ v について変形します。

$$v^2 = \frac{2eV}{m} \quad \text{より} \quad v = \sqrt{\frac{2eV}{m}}$$

$$\boldsymbol{\sqrt{\frac{2eV}{m}}} \cdots\cdots 答$$

(2) 物質波（ド・ブロイ波）の波長の式に代入して求めます。

$$\lambda = \frac{h}{mv} = \frac{h}{m\sqrt{\dfrac{2eV}{m}}}$$

$$= \frac{h}{\sqrt{2meV}}$$

$$\boldsymbol{\frac{h}{\sqrt{2meV}}} \cdots\cdots 答$$

> 電子顕微鏡は，光のかわりに電子波を使う顕微鏡だよ。ふつうの顕微鏡と比べて電子顕微鏡の方が小さいものまで見ることができるのは，電子波の波長が光の波長よりずっと小さいからなんだ！

原 子

16 ラザフォードの実験

問題

レベル ★★★

次の空欄を埋めよ。

薄い金箔に（　①　）を当て，散乱のようすを調べると，ほとんどは素通りするが，大きな角度で散乱されるものもあった。（　②　）は，この結果から，原子の正電荷とほとんどの質量はきわめて小さい部分に集中していると考えた。これが（　③　）の発見である。

解くための材料

ラザフォードの原子模型：原子番号 Z の原子は，中心に質量の大部分と正電荷 Ze をもつ原子核があり，そのまわりを負電荷 $-e$ の電子 Z 個が回っている。

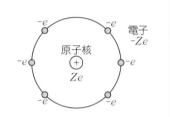

解き方

ラザフォードは，α線を薄い金箔に当てたとき，図のように，ほとんどのα線は素通りするが，大きな角度で散乱されるものがあることから，原子の正電荷とほとんどの質量はきわめて小さい部分に集中していることをつきとめました。これが原子核の発見です。原子は，その直径の10000分の1程度の大きさの原子核と，原子核のまわりに存在する電子からできていることが知られています。

α線は P238

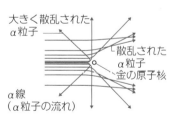

①α線　②ラザフォード　③原子核……**答**

原子の中にあるのは，原子核と電子だけ！

231

17 水素原子のスペクトル

問題

気体の水素の放電によって発せられる光のスペクトルのうち, 可視光領域で最も長い波長を求めよ。ただし, リュードベリ定数を $R = 1.097 \times 10^7$ /m とする。

🍴 解くための材料

水素原子のスペクトル

$$\frac{1}{\lambda} = R\left(\frac{1}{n'^2} - \frac{1}{n^2}\right)$$

$\begin{cases} バルマー系列(可視光領域)n'=2, \ n=3, \ 4, \ 5, \ \cdots \\ ライマン系列(紫外線領域)n'=1, \ n=2, \ 3, \ 4, \ \cdots \\ パッシェン系列(赤外線領域)n'=3, \ n=4, \ 5, \ 6, \ \cdots \\ リュードベリ定数\ R\,(1/m) \end{cases}$

解き方

可視光領域の波長を求めるので, 水素原子のスペクトルの式の n' には $n'=2$ を代入します。また, 最も長い波長を求めるので, n には $n=3$ を代入します。

$$\frac{1}{\lambda} = R\left(\frac{1}{n'^2} - \frac{1}{n^2}\right)$$

$$= 1.097 \times 10^7 \times \left(\frac{1}{2^2} - \frac{1}{3^2}\right) = 1.5236\cdots \times 10^6 \ /m$$

$$\lambda = 6.5634 \times 10^{-7} \ m$$

6.563×10^{-7} m ……答

太陽光や白熱電球の光が連続スペクトルであることに対して, 気体の放電による光は, 気体の種類によって特定の波長の線スペクトルになるよ。

物理学者のボーアは, この現象を原子の構造から説明することに成功したよ。次ページから, その理由を考えていこう!

18 ボーアの原子模型①

問題

レベル ★★★

次の空欄を埋めよ。

ボーアは，原子の中の電子は，特定の軌道を円運動しているときだけ安定に存在できると考えた。電子が安定に存在している状態を（　①　）状態といい，物質波（ド・ブロイ波）の考えを用いると，円軌道の円周の長さが電子波の（　②　）の整数倍に等しいと解釈することができる。この条件をボーアの（　③　）条件という。

🍴 解くための材料

ボーアの量子条件

$$2\pi r = n\frac{h}{mv} = n\lambda$$

軌道半径 r〔m〕
量子数 $n = 1, 2, 3, \cdots$
質量 m〔kg〕，速さ v〔m/s〕
プランク定数 h〔J・s〕，波長 λ〔m〕

解き方

ボーアは，電子が原子核のまわりに存在するとき，特定の軌道でしか安定に存在できないと考えました。電子が安定に存在できる状態を定常状態といいます。

定常状態のとき，図のように，円軌道の1周の長さ $2\pi r$〔m〕が電子波の波長の整数倍 $n\lambda$〔m〕に等しくなっています。この条件をボーアの量子条件といいます。

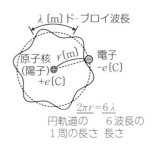

λ〔m〕ド・ブロイ波長

原子核（陽子）$+e$〔C〕　r〔m〕　電子 $-e$〔C〕

$2\pi r = 6\lambda$

円軌道の　6波長の
1周の長さ　長さ

①定常　②波長　③量子……答

電子は，特定の軌道でしか存在できないよ！

気をつけて！

19 ボーアの原子模型②

問題

電子が，あるエネルギー準位から別のエネルギー準位に移ったとき，振動数 6.2×10^{14} Hz の光子が放出された。プランク定数を $h = 6.6 \times 10^{-34}$ J·s として，電子が失ったエネルギーを求めよ。

🍴 解くための材料

ボーアの振動数条件

$$E_n - E_{n'} = h\nu$$

$\left\{\begin{array}{l} \text{電子のエネルギー準位 } E_n\,\text{(J)}, \; E_{n'}\,\text{(J)} \\ \text{プランク定数 } h\,\text{(J·s)} \\ \text{振動数 } \nu\,\text{(Hz)} \end{array}\right.$

解き方 •

　電子が移ったエネルギー準位の差 $E_n - E_{n'}$ が，電子が失ったエネルギーになります。これを求めるので，ボーアの振動数条件の式

$$E_n - E_{n'} = h\nu$$

に，数値を代入します。

$$E_n - E_{n'} = 6.6 \times 10^{-34} \times 6.2 \times 10^{14}$$

$$= 4.09\cdots \times 10^{-19}\ \text{J}$$

$$\boxed{4.1 \times 10^{-19}\ \text{J}} \cdots\cdots 答$$

（図：エネルギー準位 E_n, $E_{n'}$ と電子が光子を放出する様子）

電子が低いエネルギー準位へ移ると，その差のエネルギーを光子として放出するよ。逆に，光子を吸収すると，電子は高いエネルギー準位へ移るんだ。

20 ボーアの原子模型③

問題

レベル ★★★

水素原子では，電気量 $-e$ [C] の電子が，電気量 $+e$ [C] の原子核（陽子）のまわりを半径 r [m] の等速円運動をしているとする。クーロンの法則の比例定数を k_0 [N·m²/C²]，プランク定数を h [J·s]，量子数を n とする。

(1) 速さを v [m/s] として，電子の運動方程式を立てよ。

(2) ボーアの量子条件より，電子の軌道半径を求めよ。

🍴 解くための材料

ボーアの量子条件

$$2\pi r = n\frac{h}{mv} = n\lambda$$

$\begin{cases} \text{軌道半径 } r\text{[m], 量子数 } n=1, 2, 3, \cdots \\ \text{質量 } m\text{[kg], 速さ } v\text{[m/s]} \\ \text{プランク定数 } h\text{[J·s], 波長 } \lambda\text{[m]} \end{cases}$

🍳 解き方

(1) クーロンの法則より，電子が原子核から受ける静電気力 $F = k_0\dfrac{|e\cdot(-e)|}{r^2}$ が

向心力になります。これを，等速円運動の運動方程式 $m\dfrac{v^2}{r} = F$ に代入します。

$$m\frac{v^2}{r} = k_0\frac{|e\cdot(-e)|}{r^2} \qquad \boldsymbol{m\frac{v^2}{r} = k_0\frac{e^2}{r^2}} \cdots\cdots 答$$

(2) (1)とボーアの量子条件 $2\pi r = n\dfrac{h}{mv}$ の2式から，速さ v を消去します。

ボーアの量子条件の両辺を2乗して変形すると，

$$v^2 = \frac{n^2h^2}{4\pi^2m^2r^2}$$

となります。これを(1)の v^2 に代入して，求める軌道半径 r について整理します。

$$m\frac{1}{r}\cdot\frac{n^2h^2}{4\pi^2m^2r^2} = k_0\frac{e^2}{r^2}$$

$$r = \frac{h^2}{4\pi^2k_0me^2}n^2 \qquad \boldsymbol{\frac{h^2}{4\pi^2k_0me^2}n^2} \quad (n=1,2,3,\cdots)\cdots\cdots 答$$

21 ボーアの原子模型④

問題

水素原子のエネルギー準位を，クーロンの法則の比例定数 k_0 [N·m^2/C^2]，電子の質量 m [kg]，電気素量 e [C]，プランク定数 h [J·s]，量子数 n で表せ。静電気力による位置エネルギーの基準を無限遠とする。

🍴 解くための材料

水素原子の電子の軌道半径

$$r = \frac{h^2}{4\pi^2 k_0 m e^2} n^2$$

軌道半径 r [m]，プランク定数 h [J·s]
クーロンの法則の比例定数 k_0 [N·m^2/C^2]
質量 m [kg]，電気素量 e [C]，量子数 n=1，2，3，…

🍳 解き方

エネルギー準位（電子の全エネルギー）E は，運動エネルギー $K = \frac{1}{2}mv^2$ と

静電気力による位置エネルギー $U = -k_0 \dfrac{e^2}{r}$ の和となるので，次式となります。

$$E = \frac{1}{2}mv^2 + \left(-k_0 \frac{e^2}{r}\right) \quad \cdots ①$$

ここで，電子の運動方程式 $m\dfrac{v^2}{r} = k_0\dfrac{e^2}{r^2}$ を変形した式 $v^2 = \dfrac{k_0 e^2}{mr}$ を①の式に

代入すると，

$$E = \frac{1}{2}m\frac{k_0 e^2}{mr} + \left(-k_0 \frac{e^2}{r}\right) = -k_0 \frac{e^2}{2r} \quad \cdots ②$$

となります。さらに，電子の軌道半径の式を②の式に
代入します。

$$E = -k_0 \frac{e^2}{2} \cdot \frac{4\pi^2 k_0 m e^2}{h^2} \cdot \frac{1}{n^2} = -\frac{2\pi^2 k_0^2 m e^4}{h^2} \cdot \frac{1}{n^2}$$

$$-\frac{2\pi^2 k_0^2 m e^4}{h^2} \cdot \frac{1}{n^2} \quad (n = 1,\ 2,\ 3,\ \cdots) \cdots\cdots 答$$

電子の軌道半径も
エネルギー準位も
飛び飛びの値に
なるんだ！

22 エネルギー準位とスペクトル

問題 　　　　　　　　　　　　　　　　レベル ★★★

水素原子において，電子が n 番目のエネルギー準位から n' 番目のエネルギー準位へ移った。$n > n'$ として，このとき放出された光子のエネルギーを求めよ。ただし，クーロンの法則の比例定数 $k_0 [N \cdot m^2 / C^2]$，電子の質量 $m[kg]$，電気素量 $e[C]$，プランク定数 $h[J \cdot s]$ とする。

🍽 解くための材料

ボーアの振動数条件

$$E_n - E_{n'} = h\nu$$

水素原子のエネルギー準位

$$E_n = -\frac{2\pi^2 k_0{}^2 m e^4}{h^2} \cdot \frac{1}{n^2}$$

エネルギー準位 $E_n[J]$，$E_{n'}[J]$
プランク定数 $h[J \cdot s]$，振動数 $\nu[Hz]$
クーロンの法則の比例定数 $k_0 [N \cdot m^2 / C^2]$
質量 $m[kg]$，電気素量 $e[C]$
量子数 $n = 1, 2, 3, \cdots$

解き方 ‥‥‥‥‥

光子のエネルギー $h\nu$ を求めるので，ボーアの振動数条件の式

$$E_n - E_{n'} = h\nu$$

に水素原子のエネルギー準位の式

ボーアの振動数条件は

水素原子のエネルギー準位は

$$E_n = -\frac{2\pi^2 k_0{}^2 m e^4}{h^2} \cdot \frac{1}{n^2}$$

を代入します。

$$h\nu = -\frac{2\pi^2 k_0{}^2 m e^4}{h^2} \cdot \frac{1}{n^2} - \left(-\frac{2\pi^2 k_0{}^2 m e^4}{h^2} \cdot \frac{1}{n'^2} \right)$$

$$= \frac{2\pi^2 k_0{}^2 m e^4}{h^2} \left(\frac{1}{n'^2} - \frac{1}{n^2} \right)$$

$$\boldsymbol{\frac{2\pi^2 k_0{}^2 m e^4}{h^2} \left(\frac{1}{n'^2} - \frac{1}{n^2} \right)} \cdots\cdots 答$$

ボーアの原子模型の考えから導かれた計算結果は，リュードベリが実験結果から発見した原子のスペクトルの規則性と一致したんだ！

原 子

23 放射線

問題

レベル ★★★

次の空欄を埋めよ。

原子核が放出する粒子や電磁波を放射線といい，物質が自然に放射線を出す性質を（　①　）という。放射線には，主にα線，β線，γ線の3種類があり，α線の正体はヘリウム${}_2^4$He原子核，β線の正体は（　②　），γ線の正体は電磁波である。このうち，電離作用の最も強い放射線は（　③　）であり，透過力の最も強い放射線は（　④　）である。

🍽️ 解くための材料

放射線
放射線には，正体の違いによって，α線，β線，γ線などの種類がある。放射線の種類によって，電離作用や透過力の強さが異なる。

解き方

　原子核が放射線を出す性質を放射能といいます。α線の正体はヘリウム${}_2^4$He原子核，β線の正体は電子，γ線の正体は電磁波です。このうち，電離作用が最も強いのはα線，透過力が最も強いのはγ線です。

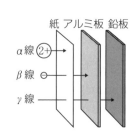

①放射能　②電子　③α線　④γ線……**答**

❗ 放射線の種類と性質

放射線	正　体	電荷	電離作用	透過力
α線	高速のヘリウム原子核（α粒子）の流れ	$+2e$	大	小
β線	高速の電子の流れ	$-e$	中	中
γ線	波長の短い電磁波	なし	小	大

24 原子核の崩壊

問題

ラドン$^{222}_{86}$Rn について，次の各問いに答えよ。

(1) ラドン$^{222}_{86}$Rn の原子核に含まれる陽子の数と中性子の数を求めよ。

(2) ラドン$^{222}_{86}$Rn は，1回α崩壊をしてポロニウム Po になる。Po の原子番号と質量数を求めよ。

🍽 解くための材料

原子番号と質量数

原子番号は原子核に含まれる陽子の数を表し，質量数は原子核内に含まれる陽子と中性子の数の和を表す。

原子核がα線を放出することをα崩壊，β線を放出することをβ崩壊という。原子核は，崩壊すると別の原子核に変化する。

解き方

(1) Rn の原子番号は86 なので，陽子の数は86 個です。また，質量数が222 なので，陽子の数と中性子の数の和は222 個です。そのうち陽子の数が86 個なので，中性子の数は

　　222 − 86 ＝ 136 個

となります。

陽子の数：86　中性子の数：136……答

(2) 1回α崩壊をするので，原子核からはα線が放出されます。α線の正体は $^{4}_{2}$He 原子核なので，原子番号は 2 小さく，質量数は 4 小さくなります。

　　原子番号：86 − 2 ＝ 84

　　質量数：222 − 4 ＝ 218

原子番号：84　質量数：218……答

！ β崩壊

β崩壊では，原子核内の中性子が陽子と電子に変化する。このとき放出される電子がβ線の正体である。β崩壊の前後では，原子番号が 1 大きくなり，質量数は変わらない。

25 半減期

レベル ★★☆

クリプトン $^{85}_{36}$Kr の半減期は10.7 年である。42.8 年たつと, $^{85}_{36}$Kr の量ははじめの量の何倍になるか。

🍴 解くための材料

半減期
$$N = N_0\left(\frac{1}{2}\right)^{\frac{t}{T}}$$

⎰ 残っている原子核の数 N〔個〕
⎱ はじめの原子核の数 N_0〔個〕
⎰ 時間 t〔s〕〔年〕など
⎱ 半減期 T〔s〕〔年〕など

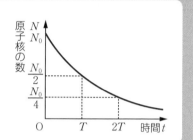

🍳 **解き方** ・・

放射性原子核が崩壊して,原子核の数がはじめの原子核の数の半分になる時間を半減期といい,半減期は放射性原子核の種類によって決まっています。

残っている量がはじめの量の何倍かを求めるので,半減期の式

$$N = N_0\left(\frac{1}{2}\right)^{\frac{t}{T}}$$

に数値を代入して,$\dfrac{N}{N_0}$ を計算します。

$$\frac{N}{N_0} = \left(\frac{1}{2}\right)^{\frac{t}{T}} = \left(\frac{1}{2}\right)^{\frac{42.8}{10.7}} = \left(\frac{1}{2}\right)^4 = \frac{1}{16}$$

$$\frac{1}{16} 倍 \cdots\cdots 答$$

放射性原子核の崩壊は確率的に起こる現象だよ！

半減期の間に原子核が崩壊する確率は $\dfrac{1}{2}$ だね！

そうか！

26 質量とエネルギーの等価性

問題

レベル ★★☆

質量1.0 gに相当するエネルギーを求めよ。ただし，真空中の光速を$c=3.0 \times 10^8$ m/sとする。

🍲 解くための材料

質量とエネルギーの等価性

$E = mc^2$ $\begin{cases} \text{エネルギー}E\,(\text{J}) \\ \text{質量}\ m\,(\text{kg}) \\ \text{真空中の光速}\ c\,(\text{m/s}) \end{cases}$

🍳 解き方

アインシュタインの特殊相対性理論によれば，質量とエネルギーは等価であると考えられます（質量とエネルギーの等価性）。

エネルギーEを求めるので，質量とエネルギーの等価性の式

$E = mc^2$

に数値を代入します。

質量1.0 g$=1.0 \times 10^{-3}$ kg

を用いて，

$E = mc^2$

$= 1.0 \times 10^{-3} \times (3.0 \times 10^8)^2$

$= 9.0 \times 10^{13}$ J

$\boxed{9.0 \times 10^{13} \text{ J}} \cdots$答

!) 単位の換算

1.0 g$=1.0 \times 10^{-3}$ kg

質量mに代入する数値の単位は，
グラム(g)ではなくキログラム(kg)を使うよ！

27 核分裂

問題　　　　　　　　　　　　　　　　　　レベル ★★☆

ウラン$^{235}_{92}$U に中性子$^1_0$n を当てたところ，バリウム$^{141}_{56}$Ba とクリプトン$^{92}_{36}$Kr に分裂し，いくつかの中性子$^1_0$n を生じた。この反応の核反応式を書け。

◉ 解くための材料

核反応
核反応の前後では，質量数（核子数）の和と原子番号（電気量）の和が保存される。

解き方 ・・・・・・・・・・・・・・・・・・・・・・・・・・・・・・・・

原子核がいくつかの小さな原子核に分裂する核反応を核分裂といいます。

中性子が x 個生じたとして，質量数の保存を考えると，

$235 + 1 = 141 + 92 + x$

$x = 3$

となり，中性子は 3 個生じたことがわかります。

$$^{235}_{92}U + ^1_0n \longrightarrow ^{141}_{56}Ba + ^{92}_{36}Kr + 3^1_0n \cdots\cdots 答$$

! 核分裂と連鎖反応 ------------------------------

原子核の中には不安定なものが存在し，質量数235 のウランの原子核に中性子を当てると，図のような核分裂が生じる。核分裂の際に出た中性子が他のウラン原子核に当たることで，核分裂が連鎖的に生じる（連鎖反応）。

核分裂と連鎖反応のようす

（ n は中性子）

28 核反応と結合エネルギー

問題

レベル ★★★

前ページの問題の核反応について，次の各問いに答えよ。ただし，それぞれの質量は，${}^{235}_{92}U$ が235.0439 u，バリウム${}^{141}_{56}Ba$ が140.9139 u，クリプトン${}^{92}_{36}Kr$ が91.8973 u，中性子${}^{1}_{0}n$ が1.0087 uとし，1 u = 1.66×10^{-27} kg，真空中の光速を $c = 3.0 \times 10^8$ m/s とする。

(1) 減少した質量は何 kg か。

(2) 生じたエネルギーは何 J か。

🍴 解くための材料

原子質量単位
$$1\,u = 1.66 \times 10^{-27}\,kg$$
質量とエネルギーの等価性
$$E = mc^2$$

$\left\{ \begin{array}{l} エネルギー E〔J〕 \\ 質量 m〔kg〕 \\ 真空中の光速 c〔m/s〕 \end{array} \right.$

 解き方

(1) 核反応の前後で減少した質量を，原子質量単位の値から計算します。

$$235.0439 + 1.0087 - (140.9139 + 91.8973 + 3 \times 1.0087) = 0.2153\,u$$

質量の単位を，原子質量単位からキログラムに直します。

$$0.2153 \times 1.66 \times 10^{-27} = 3.5739\cdots \times 10^{-28}\,kg$$

3.57×10^{-28} kg……答

(2) エネルギー E を求めるので，質量とエネルギーの等価性の式

$$E = mc^2$$

に，(1)の結果を代入します。

$$\begin{aligned} E &= mc^2 \\ &= 3.574 \times 10^{-28} \times (3.0 \times 10^8)^2 \\ &= 3.216\cdots \times 10^{-11}\,J \end{aligned}$$

3.2×10^{-11} J……答

原子力発電では，核分裂のエネルギーを利用しているよ！

29 核融合

レベル ★★☆

重水素 $_1^2 H$ と三重水素 $_1^3 H$ を核融合させると，ヘリウム $_2^4 He$ と中性子 $_0^1 n$ になる。この反応の核反応式を書け。

🍽 解くための材料

核反応
核反応の前後では，質量数（核子数）の和と原子番号（電気量）の和が保存される。

解き方 ・・

質量数の小さな原子核どうしが融合する核反応を核融合といいます。

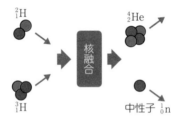

重水素と三重水素がヘリウムと中性子に変化する核反応式を書きます。

$$_1^2 H + _1^3 H \longrightarrow _2^4 He + _0^1 n \cdots\cdots \text{答}$$

太陽などの恒星のエネルギーは，核融合によって生じているよ。太陽では，1秒間あたり $4 \times 10^9 kg$（400万t）の質量がエネルギーに変わっているんだ。

30 素粒子

レベル ★★☆

陽子は2つのアップクォークと1つのダウンクォークから，中性子は1つのアップクォークと2つのダウンクォークからできている。アップクォークとダウンクォークの電気量を求めよ。ただし，電気素量を e [C]とする。

🍽 解くための材料

素粒子
陽子や中性子は，クォークの組み合わせでできている。

解き方

陽子の電気量は $+e$，中性子の電気量は 0 であることから，アップクォークの電気量を x，ダウンクォークの電気量を y として，方程式を立てて計算します。

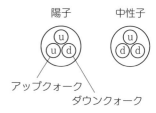

陽子：$2x + y = +e$
中性子：$x + 2y = 0$
2式を連立して，

$$x = +\frac{2}{3}e, \quad y = -\frac{1}{3}e$$

アップクォーク：$+\dfrac{2}{3}e$　ダウンクォーク：$-\dfrac{1}{3}e$ ……答

❗ 素粒子

原子核を構成する陽子や中性子，あるいはそれらを構成するさらに基本的な粒子などを総称して素粒子とよぶ。クォークから構成されるハドロン（陽子など）や，電子などレプトンのほか，光子など力を媒介する粒子（ゲージ粒子）に分類される。

ハドロン	バリオン	陽子，中性子など
	メソン	中間子など
レプトン		電子，ニュートリノなど

解くための材料集

248

著者	長谷川大和（東京工業大学附属科学技術高等学校 教諭）
	徳永恵里子（慶應義塾高等学校 非常勤講師）
	武捨賢太郎（慶應義塾高等学校 教諭）
編集協力	(株) オルタナプロ
	佐藤玲子
校正	能塚泰秋
	林千珠子
	竹田直
イラスト	さとうさなえ
DTP	(株) ユニックス
デザイン	山口秀昭（StudioFlavor）

高校物理の解き方をひとつひとつわかりやすく。改訂版